本书的视频制作得到了“乡村振兴战略下‘三农’融合出版探索”项目的资助

扫码看视频·病虫害绿色防控系列

小麦病虫害绿色防控彩色图谱

张云慧　李祥瑞　黄　冲　主编

中国农业出版社
北　京

编委会
EDITORIAL BOARD

目录
CONTENTS

PART 1　病害

PART 2　虫害

PART 1

病　害

小麦条锈病

田间症状 小麦条锈病以侵害小麦叶片为主，有时也侵害叶鞘、茎秆和麦穗。发病初期在受害部位出现褪绿斑点，以后在发病部位产生鲜黄色疱状夏孢子堆，随后夏孢子堆表皮破裂，出现鲜黄色粉状物，夏孢子堆寄主表皮开裂不明显。夏孢子堆小，狭长形至长椭圆形，成株期与叶脉平行排列成行，呈虚线状，幼苗期呈多层轮状排列（图1）。后期当环境条件不适宜夏孢子发生时，则夏孢子堆转化为黑色、狭长形冬孢子堆。冬孢子堆呈条状，成行排列，埋伏在表皮下，表皮不破裂。

小麦条锈病

图1　小麦条锈病的田间为害状及小麦条锈病病菌侵染小麦不同组织部位产生夏孢子堆症状

A.苗期被害状　B.成株期与蚜虫混合发生　C.成株期被害状　D.病穗（颖壳，白色箭头）　E.受害芒（箭头1）和稃片（箭头2）　F.受侵染稃片内侧（左）和萎缩的种子（右）

（图中D—F引自赵杰等，2018）

发生特点

病害类型	真菌性病害
病　原	条形柄锈菌小麦专化型（*Puccinia striiformis* f. sp. *tritici*），属担子菌门柄锈菌属，是一种专性寄生菌*
越冬、越夏场所	越夏：我国平原冬麦区和海拔较低的山区，病原菌不能越夏；在海拔高、气温低，且有不同生育期的小麦的地区，病原菌可在夏季侵染。 越冬：大部分冬麦区，冬季严寒使病原菌停止发生。病原菌主要以侵入后未显症的潜伏菌丝在麦叶组织内休眠越冬，只要该受侵染组织冬季未被冻死，病原菌即可安全越冬
传播途径	小麦条锈病是一种气流传播病害，风力弱时，夏孢子只能传播至邻近麦株上。当菌源量大、气流强时，强大的气流可将大量病原菌夏孢子吹送至1 500 ~ 5 000米的高空，随气流传播到800 ~ 2 000千米以外的小麦上侵害
发病原因	低温高湿，结露、降雾、下毛毛雨均非常有利于条锈病发生，且以结露最利于其发生，麦田秋播偏早

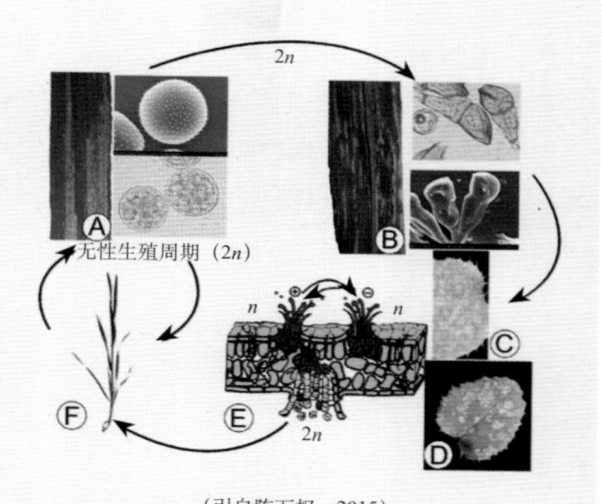

（引自陈万权，2015）
A. 小麦上夏孢子堆和夏孢子　B. 小麦上冬孢子堆和冬孢子
C. 冬孢子萌发产生担孢子侵染小檗产生的性孢子堆
D. 小檗上锈孢子堆　E. 性孢子和锈孢子示意图
F. 锈孢子侵染小麦以及夏孢子重复侵染

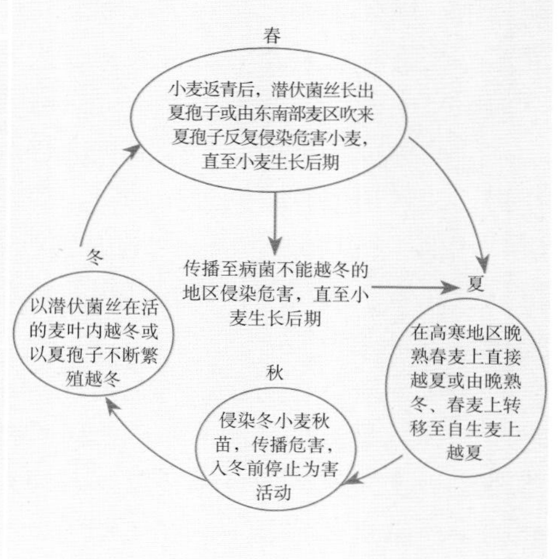

防治适期 早期监测和提前预防是关键，重点抓冬前、早春苗期防治和春、夏季成株期防治两个关键时期，苗期防治采取带药侦察的方法，发现一点，控制一片。

* 专性寄生菌在自然条件下必须在活的寄主上寄生，才能正常地生长发育并完成其生活史。

防治措施

（1）**选育推广抗锈良种** 选育和种植抗锈良种是防治小麦条锈病最经济有效的措施。抗锈良种可通过引种、杂交育种、系统选育和人工诱变等途径获得。目前各地都选育出了不少抗锈丰产品种，如对小麦条锈病表现免疫或高抗的品种有中植系统、中梁系统、兰天系统、川麦系统、绵阳系统、周麦系统等，可因地、因时制宜地推广种植。在选用抗锈良种时，要注意品种的合理布局和轮换种植，防止大面积使用单一品种。

（2）**农业措施**

①调整播期，适期晚播，可减轻秋苗发病程度。适期晚播是指在小麦适宜播种时期范围内尽量晚播、避免早播，对于控制小麦秋苗菌源数量和春季小麦条锈病流行程度效果显著，特别是在陇东、陇南、川西北等山区防病效果十分显著。

②精耕细作，合理密植和施肥灌水，铲除自生麦苗。提倡施用堆肥或腐熟的有机肥，避免过量施用氮肥，增施磷、钾肥，氮、磷、钾肥合理搭配施用，增强小麦自身的抗病性。合理灌溉，控制田间湿度，及时排水和灌水。小麦收获后及时翻耕灭茬，拔除麦场、路旁的自生麦苗，翻耕麦田以消灭自生麦苗，减少小麦条锈病病菌越夏寄主，降低越夏菌源。

③品种混合种植。小麦品种混种或间种对条锈病具有一定的防控增产作用。在选用混种或间种品种时，要注意选择综合农艺性状相近、生态适应性相似、抗病性差异较大的品种进行搭配。小麦分别与玉米、马铃薯、蚕豆、辣椒、油葵等作物间套作，对小麦条锈病也有一定的防控作用，作物增产效果尤为显著。

④从小麦条锈病病菌源头治理。在小麦条锈病病菌越夏和越冬区进行源头治理，是减少菌源向东部麦区传播、延缓小麦品种抗锈性丧失和降低生理小种变异速率的关键措施。甘肃东南部和四川西北部是我国小麦条锈病的重要越夏菌源基地。在这些地区实施作物结构调整，推广种植地膜玉米、地膜马铃薯、油菜、喜凉蔬菜、油葵、优质牧草等高经济效益作物，压缩小麦种植面积，增加作物多样性，既可显著降低小麦秋苗条锈病的菌源数量和病菌致病性的变异频率，又能增产增效，一举多得，行之有效。

（3）**化学防治**

① 药剂拌种。药剂拌种是一种高效多功能防治技术。小麦播种时采用三唑酮等三唑类杀菌剂进行拌种或种子包衣，可有效控制条锈病发生，

还能兼治其他多种小麦病害，具有一药多效、事半功倍的作用。对小麦条锈病有效的拌种剂或种衣剂有15%或25%三唑酮可湿性粉剂、12.5%烯唑醇可湿性粉剂、15%三唑醇可湿性粉剂、30%戊唑醇悬浮种衣剂等，各地可根据药源情况稀释后使用。

② 田间喷药防治。在小麦条锈病暴发流行的情况下，药剂防治是大面积控制病害的主要应急措施。苗期防治采取带药侦察的方法，发现一点，控制一片。目前大面积应用的药剂主要是三唑酮（15%或25%可湿性粉剂，20%乳油，20%悬浮剂），每公顷用药60 ~ 180克（或毫升）（有效成分），加水750 ~ 1 125升，在拔节期明显见病或孕穗至抽穗期病叶率达5% ~ 10%时施药一次，防病增产效果显著，如病情重，持续时间长，15天后可再施药一次。此外，12.5%烯唑醇可湿性粉剂、15%三唑醇可湿性粉剂，每公顷用药量30 ~ 90克（有效成分），以及20%丙环唑微乳剂、25%丙环唑乳油、5%烯唑醇微乳剂，每公顷用药量120 ~ 225毫升（有效成分），兑水750 ~ 1 125升喷雾，防病效果均较好，各种药剂的具体用药量根据使用说明书确定，可根据药源情况选用（图2）。

图2　小麦条锈病防治后田间症状

温馨提示

依据病情与产量损失的关系，结合前人研究工作和经验，小麦条锈病防治指标建议如下：当病叶率（或普遍率）在0.1% ~ 0.3%时，应做好监测、宣传动员、预防准备工作；当病叶率（或普遍率）在1% ~ 2%时，应及时挑治，控制病点；当病叶率（或普遍率）在3% ~ 5%时，应开展普防工作。

易混淆病害

区别		小麦条锈病	小麦叶锈病	小麦秆锈病
发生时期		早	较早	晚
侵害部位		叶片为主，叶鞘、茎秆、穗部次之	叶片为主，叶鞘、茎秆上少见	茎秆、叶鞘、叶片为主，穗部次之
夏孢子堆	大小	最小	中等	最大
	形状	狭长至长椭圆形	圆形至长椭圆形	长椭圆形至梭形
	颜色	鲜黄色	橘红色	黄褐色
	排列	成株上成行，幼苗上呈多层轮状，多不穿透叶背	散乱无规则，多不穿透叶背	散乱无规则，可穿透叶背，叶背粉疱比叶面的大
	表皮开裂	不明显	开裂一圈	大片开裂，呈窗户状向两侧翻卷
冬孢子堆	大小	小	小	较大
	形状	狭长形	圆形至长椭圆形	长椭圆形至狭长形
	颜色	黑色	黑色	黑色
	排列	成行	散生	散乱无规则
	表皮开裂	不破裂	不破裂	破裂，表皮卷起

小麦叶锈病

田间症状 小麦叶锈病病菌主要侵染小麦叶片，有时也侵染叶鞘，很少侵染茎秆或穗部（图3）。夏孢子堆多在叶片正面不规则散生，圆形至长椭圆形，疱疹状隆起，成熟后表皮开裂一圈，露出橘红色的粉状物，散出橘红色的夏孢子。夏孢子堆只偶尔穿透叶片，一般情况下不穿透叶片，背面的夏孢子堆也较正面的小，夏孢子堆比秆锈病的小，较条锈病的大，颜色比秆锈病的浅，较条锈病的深。生长后期产生冬孢子堆，冬孢子堆主要发生在叶片背面和叶鞘上，散生，圆形或长椭圆形，黑色，扁平，排列散乱，但成熟时表皮不破裂（图3）。

小麦叶锈病

图3 小麦叶锈病的田间为害状及小麦叶锈病病菌夏孢子堆和冬孢子堆及其孢子形态
A.田间为害状 B.条锈病与白粉病混合发生 C.夏孢子堆
D.夏孢子（400×） E.冬孢子堆 F.冬孢子（400×）

发生特点

病害类型	真菌性病害
病　原	隐匿柄锈菌小麦专化型（*Puccinia triticina* Eriks.，*P. recondita* Roberge. ex Desmaz. f. sp. *tritici* Eriksson et Henning），俗称小麦叶锈（病）菌，属担子菌门柄锈菌属，是一种专性寄生菌
越冬、越夏场所	小麦叶锈病病菌较耐高温，在平原麦区可以侵染当地的自生麦苗，并进行再侵染，从而越过夏季，少数地区（如四川、云南、青海、黑龙江）可在春小麦上越夏，至秋播冬小麦出苗后，传播至秋苗上侵害。在冬季气温较高的麦区，如贵州、四川、云南、安徽等地，病原菌可以夏孢子进行再侵染的方式越过冬季。病原菌在冬小麦地上部分不冻死的地区，一般都可越冬。 在春麦区，由于病原菌在当地不能越冬，病害发生系外来菌源所致。病原菌在华北、西北、西南、中南等地自生麦苗上都有发生，越夏后成为当地秋苗感病的主要病原菌来源。从高寒麦区吹送来的病原菌夏孢子是次要菌源。病原菌通过夏孢子进行多次再侵染引起病害流行

（续）

传播途径	小麦叶锈病是一种气流传播病害，风力弱时，夏孢子只能传播至邻近麦株上。当菌源量大、气流强时，强大的气流可将大量的小麦叶锈病病菌夏孢子吹送至1 500 ~ 5 000米的高空，随气流传播到800 ~ 2 000千米以外的小麦上侵染
发病原因	低温、高湿。影响小麦叶锈病流行的主要因素是春季降水次数、降水量和温度回升的早晚。小麦生长中后期，湿度对病害的影响较大。小麦抽穗前后，如果降水频繁，小麦叶锈病就可能流行

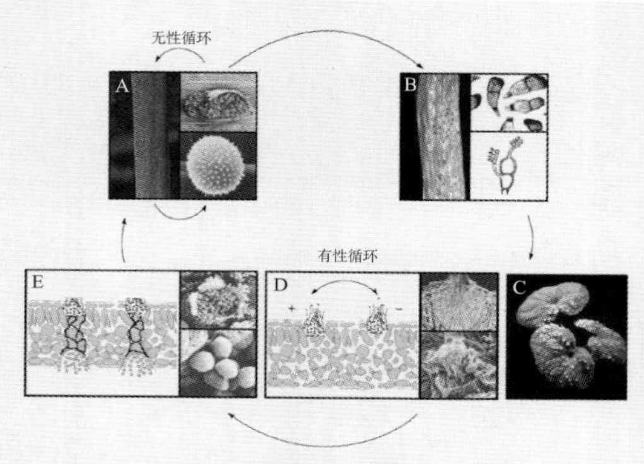

（引自Bolton et al.，2008）
A.小麦上夏孢子堆和夏孢子 B.小麦上冬孢子堆和冬孢子
C.冬孢子萌发产生担孢子侵染转主寄主（如唐松草等）产生的性孢子堆
D.转主寄上有性循环过程示意图 E.性孢子和锈孢子示意图，锈孢子侵染小麦

防治适期 控制秋苗发病，减少越冬菌源数量，推迟春季小麦叶锈病发生与流行。春季防治可在抽穗前后田间发病率达5% ~ 10%时开始喷药。

防治措施

（1）**选育推广抗（耐）病良种** 在品种选育和推广中应重视抗锈基因的多样化和品种的合理布局，注意多个品种合理搭配和轮换种植，避免单一品种长期大面积种植，以延缓和防止因病菌新生理小种出现而造成品种抗病性退化。另外，要注意应用具有避病性（早熟）、慢病性、耐病性等的品种。抗小麦叶锈病品种如下。

①冬小麦。山农20、西科麦4号、淮麦21、周麦22、漯麦8号、邢麦4号、轮选518、川麦39、扬辐麦2号、晋太170、川育16、川麦32、豫麦66、邯6172、济麦19、泰山21、晋麦207、石新833、河农5290、中优9507、晶白麦1号、新麦16、潍麦8号、泽麦1号、莱州9214、烟896063、滨02-47，潍麦7号、临麦6号、烟5158、聊9629、烟5286、莱州953、烟861601、陕农7859、冀5418、鲁麦1号、小偃6号、徐州21等。

②春小麦。北麦9号、北麦11、克春1号、克春2号、克春4号、龙麦33、龙辐麦16、华建60-1、巴丰5号、高原412、克旱21、北麦6号、泉丰1号、克旱20、铁春8号、丰强7号、四春1号、垦九10号、克丰8号、垦九9号、宁J120、沈免99042、沈免99121、沈免99142、沈免1167、沈免96、垦九5号、龙麦23、龙辐麦7号、蒙麦30、京引1号、陇春8139、定丰3号等。

（2）**加强栽培防病措施** 收获后翻耕灭茬，灭除杂草和自生麦苗，减少越夏菌源；适期播种，降低秋苗发病程度和病原菌越冬基数；雨季及时排水；合理密植、善管肥水，提高根系活力，适量适时追肥，避免过多、过晚使用氮肥，增强植株抗（耐）病力。小麦叶锈病发生时，南方多雨麦区要及时排水，北方干旱麦区则要及时灌溉，补充因小麦叶锈病发生而造成的水分流失，降低产量损失。

（3）**药剂防治**

① 药剂拌种。播前用种子重量0.2%的25%三唑酮可湿性粉剂、种子重量0.03% ~ 0.04%（有效成分）的叶锈特或种子重量0.2%的20%三唑酮乳油拌种。

② 种子包衣。使用15%保丰1号种衣剂（活性成分为三唑酮、多菌灵、辛硫磷）包衣种子后自动固化成膜状，播后种子周围形成保护区域，且持效期长。用量为每千克种子用4克包衣剂，防治小麦叶锈病、白粉病、全蚀病效果优异，且可兼治地下害虫。

③ 适时喷药。于发病初期（发病率5%）喷洒20%三唑酮乳油1 000倍液或43%戊唑醇悬浮剂2 000 ~ 3 000倍液，10 ~ 20天1次，防治1 ~ 2次；或喷施25%三唑酮乳油1 500 ~ 2 000倍液2次，隔10天1次，喷匀喷足，可兼治条锈病、秆锈病和白粉病。

小麦秆锈病

田间症状 小麦秆锈病主要侵害茎秆、叶鞘和叶片基部，严重时在麦穗的颖片和芒上也有发生。发病初期病部产生褪绿斑点，以后出现褐黄色至深褐色的夏孢子堆，表皮大片开裂呈窗户状向外翻卷，孢子飞散呈铁锈状，后期病部生成黑色的冬孢

小麦秆锈病

子堆。夏孢子堆长椭圆形至梭形，在三种锈病中最大，隆起高，排列散乱无规则。冬孢子堆长椭圆形，黑色散生，多在夏孢子堆中部产生。小麦秆锈病孢子堆穿透叶片的能力较强，同一侵染点叶片正反两面均出现孢子堆，同一个孢子堆，叶片背面的一般较叶片正面的大（图4）。

图4　小麦秆锈病的田间为害状及小麦秆锈病病菌夏孢子堆和冬孢子堆及其孢子形态
A.田间为害状　B.田间为害状　C.夏孢子堆　D.夏孢子（400×）　E.冬孢子堆　F.冬孢子（400×）
（图C—F引自万安民）

发生特点

病害类型	真菌性病害
病　原	禾柄锈菌小麦专化型（*Puccinia graminis* f. sp. *tritici*），俗称小麦种锈（病）菌，属担子菌门柄锈菌属，是全型转主寄生菌，即在整个生活史中可产生夏孢子、冬孢子、担孢子、性孢子和锈孢子五种不同类型的孢子
越冬、越夏场所	冷凉地区在小麦的自生麦苗、秋苗、麦茬再生分蘖及生育后期成株上以夏孢子越夏，越夏之后部分以菌丝体、夏孢子在具适宜越冬条件的地区越冬

（续）

传播途径	小麦秆锈病主要靠高空气流远距离传播
发病原因	适温18 ~ 25℃，高湿，孢子萌发前需要黑暗条件，萌发后需要光照

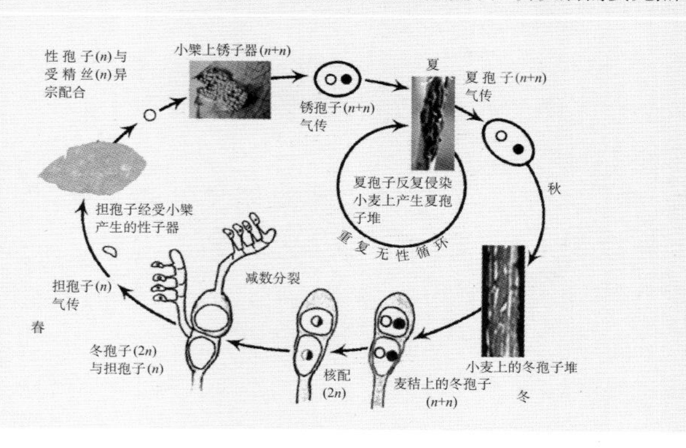

防治适期 提前预防是关键，发现少量病苗时，应拔除病株，及时喷药，喷药时应注意喷洒幼苗嫩茎和发病中心附近的病土。

防治措施

（1）**抗源利用及合理布局** 培育和推广抗病品种是控制小麦秆锈病最经济、有效和对环境友好的措施。目前生产上的抗性品种如下，东北春麦区有克丰系列、克旱系列、龙麦系列、龙辐麦系列、辽春系列中的大部分以及垦大8号、垦九9号、垦九10号、丰强5号、丰强6号、丰强7号、沈免85、铁春1号、铁春7号等；黄淮平原冬麦区有陕7859、烟农9号、烟优361、鲁麦3号、鲁麦7号、鲁麦9号、鲁麦21、济麦系列、淮麦18、冀麦31、冀麦38、河农2552、京冬8号、晋太179、周麦18、豫麦2号、豫麦7号、豫麦10号、豫麦13、豫麦49、徐州21等；长江中下游冬麦区有鄂恩1号、华麦13、荆12、荆13、荆135等；华南冬麦区有贵农22、贵州98-18、毕2002-2、晋麦2418、龙溪18、龙溪35、福繁16、福繁17、泉麦1号、国际13、云麦29、精选9号等。

（2）**加强栽培管理** 加强小麦田间栽培管理，创造和利用不利于小麦秆锈病发生的环境条件，促进植株健壮生长，提高植株抗性，对防治小麦秆锈病有重要作用。在福建、云南等小麦秆锈病病菌越冬区，适期晚播，可以减少初始菌源。在北部麦区适时早播，小麦可提早成熟，减轻后期病害；适期播种，施足底肥，增施磷、钾肥，控施氮肥，可促进麦株健壮生长，增强抗病力；小麦收获后及时翻耕灭茬，消灭自生麦苗，可减少越夏菌源。

（3）化学防治

① 药剂拌种。目前应用于防治小麦秆锈病的拌种药剂主要是15%或25%三唑酮可湿性粉剂、12.5%烯唑醇可湿性粉剂、25%三唑醇干拌种剂及唑醇·福美双和唑酮·福美双悬浮种衣剂等。如用三唑酮按种子重量0.03%的有效成分拌种，如用12.5%烯唑醇按种子重量0.12%的有效成分拌种，可提高种子的抗病性。

② 叶面喷药。一般在小麦扬花灌浆期，发病率达1% ～ 5%时开始喷药，以后7天防治1次，共喷2 ～ 3次；如菌源量大，春季气温回升早，降水量适宜，则需提前到病秆率为0.5% ～ 1%时开始喷药。防治小麦秆锈病的药剂比较多，目前推广应用较广的药剂是三唑酮。该药剂喷洒在小麦上可被植株各部分吸收，在植物体内传导，对小麦秆锈病有很好的防效。三唑酮有15%、20%、25%三种含量的可湿性粉剂或乳油，15%含量的用1.5千克/公顷，20%含量的用1.05千克/公顷，25%含量的用0.75千克/公顷，兑水750 ～ 1 500千克喷雾。药剂防治必须在穗部未发病，麦苗上部的叶片极少发病时进行。发病的田块必须喷药2 ～ 3次，每次间隔7 ～ 10天，才可控制病害，确保丰收。同时应筛选和研发对小麦秆锈病高效、安全的特效内吸杀菌剂新品种或新剂型，为应对病害提供技术支持。

小麦白粉病

田间症状 小麦从幼苗到成株，均可被小麦白粉病病菌侵染，主要侵染叶片，严重时也侵染叶鞘、茎秆和穗。病部表面覆有一层白粉状霉层。病部最初出现分散的白色丝状霉斑，逐渐扩大并合并成长椭圆形的较大霉斑，严重时可覆盖叶片大部分甚至全部，霉层增厚可达2毫米左右，并逐渐呈粉状（无性阶段产生的分生孢子）。后期霉层逐渐由白色变灰色乃至褐色，并散生黑色颗粒（有性阶段产生的闭囊壳）。被害叶片霉层下的组织在初期无显著变化，随着病情发展，叶片褪绿、变黄乃至卷曲枯死，重病株常矮而弱，不抽穗或抽出的穗短小（图5）。

04

小麦白粉病

图5 小麦白粉病的田间为害状

A. 苗期叶部症状 B. 苗期根颈部症状 C. 中后期叶部症状 D. 中后期茎秆症状 E. 小麦中期穗部症状 F. 小麦叶片上产生的闭囊壳和瓢虫卵

发生特点

病害类型	真菌性病害
病 原	禾谷布氏白粉菌[*Blumeria graminis* (DC.) Speer]，属子囊菌门白粉菌目布氏白粉菌属。无性型为串珠状粉孢(*Oidium monilioides* Nees)，属子囊菌无性型粉孢属
越冬、越夏场所	小麦白粉病病菌是一种专性寄生性真菌，只能在活的寄主组织上生长发育，并对寄主有很严格的专化性，病菌以分生孢子或菌丝体潜伏在寄主组织内越冬。在我国有冬小麦种植的地区，小麦白粉病病菌均能安全越冬。小麦白粉病病菌越夏有两种方式：一种是以分生孢子在夏季气温较低的地区的自生麦苗或夏播小麦上继续侵染繁殖或者以潜育状态度过夏季；另一种是以病残体上的闭囊壳在低温、干燥的条件下越夏
传播途径	以分生孢子随气流传播
发病原因	低温、高湿、弱光照，田间菌源量大、品种抗性较差、麦田郁闭或阴雨的天气条件，均有利于孢子的萌发和侵入

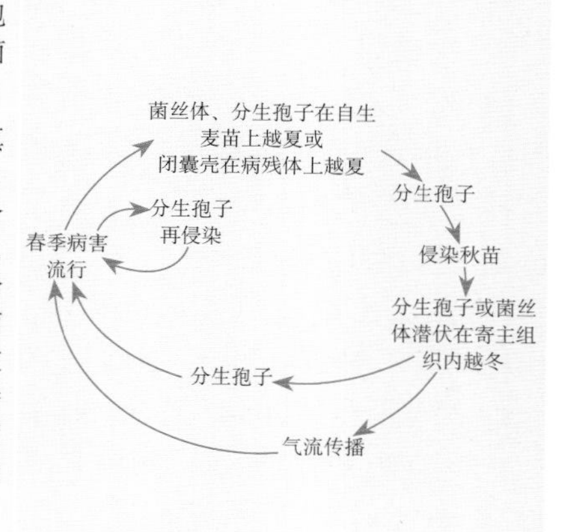

防治适期 秋播前尽量清除田间和场院处的自生麦苗，以减少秋苗期的菌源，控制苗期病害减少越冬菌源。

防治措施

（1）**种植抗病品种** 尽管目前生产上的推广品种大多数不抗病或高感病，但在推广品种中也存在少数高抗及一些中抗或慢粉的品种。各地可根据其麦区的生态条件特点，选用适合当地种植的高产抗病（高抗、中抗和慢粉）小麦品种。华北麦区：石麦14、石麦15、良星99、沧麦6002、沧麦119 、邯麦11、保丰104、71-3等。黄淮海麦区：郑麦9023、偃展4110、周麦16、豫麦70、内乡991、豫教2号、豫麦47、豫麦63、04中36、新麦18、鲁麦14、滨麦3号、潍麦7号、山农1135、淄麦7号、济南18等。西南地区：蓉麦2号、川麦42、川麦44、川麦107、川农17、川农19、川育18、川育19、内麦8号、内麦9号等。长江中下游麦区：扬麦10号、扬麦11、扬麦12、扬麦13、鄂麦18、鄂麦19、襄麦55、皖麦26、南农9918等。西北麦区：西农811、西农979、陕872、晋麦47、普冰201、远丰175、阎麦8911、定西24、定西35、87加67、会宁18号、陇春20、兰天15、95-108、天9362-10、中91250等。东北麦区：沈免85、沈免91、沈免96、沈免962、沈免2135、辽春10、辽春11等。

（2）**药剂防治** 在小麦白粉病秋苗发生区（一般在病菌越夏及其邻近地区），采用三唑类杀菌剂拌种或种子包衣可有效控制苗期病害，减少越冬菌量，并能兼治小麦散黑穗病。选用20%三唑酮乳油、15%三唑酮可湿性粉剂或12.5%烯唑醇可湿性粉剂等拌种，用药量按药剂有效成分计算为种子重量的0.03%。种子包衣选用2%戊唑醇悬浮种衣剂1∶14稀释后按1∶50进行种子包衣。

春季防治一般采用叶面喷雾。结合预测预报，在孕穗－抽穗－扬花期病株（茎）率为15% ～ 20%或病叶率为5% ～ 10%时即可防治。目前主要推荐的药剂及每667米^{2}用量如下。

①三唑类杀菌剂。20%三唑酮乳油40 ～ 50毫升，25%丙环唑乳油30 ～ 35毫升，12.5%烯唑醇可湿性粉剂40 ～ 60克，40%腈菌唑可湿性粉剂 10 ～ 15克。一般发病年份用三唑类杀菌剂防治1次即可控制病害的流行和危害，重病年份或地块可根据情况用药2次。

②甲氧基丙烯酸酯类杀菌剂。20%烯肟菌酯乳油、15%氯啶菌酯乳油、

10%苯醚菌酯悬浮剂、20%烯肟菌胺悬浮剂、20%醚菌酯悬浮剂、25%嘧菌酯悬浮剂等，建议使用剂量均为5 ~ 10克（有效成分），此类杀菌剂一般也可根据田间病情和天气情况用药1 ~ 2次。

③其他类杀菌剂或混剂。70%甲基硫菌灵可湿性粉剂，建议使用剂量为40 ~ 50克；20%硫·酮可湿性粉剂，建议使用剂量为60 ~ 75克；44%己唑醇·福美双可湿性粉剂，建议使用剂量为600 ~ 900倍液。此类药剂需要在发病初期用药，用药次数可根据天气和田间发病情况而定，一般需连续使用2 ~ 3次，施药间隔期7 ~ 10天（周益林等，2001；周益林等，2004；李志念等，2004；司乃国等，2003；汪晓红等，2005；张舒亚等，2004）。

由于三唑类杀菌剂已产生抗药性问题（马志强等，1996；夏烨等，2005），因此在小麦白粉病的药剂防治中，三唑类杀菌剂应与其他作用方式药剂如甲氧基丙烯酸酯类和苯并咪唑类杀菌剂等轮换使用，以避免病菌抗药性迅速发展。建议在病害需要防治2次的地区或地块，三唑类杀菌剂和其他类型的杀菌剂轮换，各使用1次。

（3）**加强栽培管理** 采用正确的栽培措施可减轻病害的发生，如合理密植和灌溉，注意氮、磷、钾肥的合理配合，以促进通风透光，减少倒伏，降低湿度，使田间小气候有利于小麦植株的健壮生长，而不利于病原菌的发展，从而控制病害的发生。另外，在白粉病可在自生麦苗上越夏的地区，应在秋播前尽量清除田间和场院处的自生麦苗，以减少秋苗期的菌源。

小麦赤霉病

田间症状 小麦的各个生育阶段均能受害，引起苗枯、穗腐、茎基腐、秆腐，在我国以穗腐危害最重（图6）。

05

小麦赤霉病

苗枯： 由种子带菌或土壤中病残体带菌侵染所致。先是幼苗的芽鞘和根鞘变褐，根冠随之腐烂，轻者病苗黄瘦，严重时全苗枯死，枯死苗在湿度大时产生粉红色霉状物（病菌分生孢子和子座）。

穗腐： 小麦扬花期后出现，初在小穗和颖片上产生水渍状浅褐色斑，渐扩大至整个小穗，致小穗枯黄。湿度大时，病斑处产生粉红色胶状霉层。后期产生密集的蓝黑色小颗粒（病菌子囊壳），籽粒干瘪并伴有白色至粉红色霉。小穗发病后扩展至穗轴，病部干枯变褐，使被害部以上小穗形成枯白穗。

茎基腐：自幼苗出土至成株期均可发生，麦株基部受害后变褐腐烂，造成整株死亡。

秆腐：多发生在穗下第一、二节，初在叶鞘上出现水渍状褪绿斑，后扩展为淡褐色至红褐色不规则形斑或向茎内扩展。病情严重时，造成病部以上枯黄，有时不能抽穗或抽出枯黄穗。潮湿条件病部可见粉红色霉层，病株易被风吹折。

图6　小麦赤霉病的田间为害状

A—D. 小麦穗部不同部位症状　E—F. 成熟期症状　G. 田间大面积发生症状

发生特点

病害类型	真菌性病害
病 原	小麦赤霉病是由多种镰孢菌侵染引起的，其病原菌无性型为禾谷镰孢（*Fusarium graminearum* Schw.）是引起小麦赤霉病的重要的病原菌之一，属镰孢属；其有性型为玉蜀黍赤霉（*Gibberella zeae*），属子囊菌门赤霉属。其他亚洲镰孢（*F. asiaticum*）、燕麦镰孢（*F. avenaceum*）、黄色镰孢（*F. culmorum*）、早熟禾镰孢（*F. poae*）和拟轮枝镰孢菌（*F. verticilioides*）等均可引起小麦赤霉病
越冬、越夏场所	以菌丝体在土壤中残留的作物残体上越冬，土壤和种子也可以带菌
传播途径	典型的气候型气流传播病害，病菌通过土壤、作物残体、种子、雨水等传播
发病原因	初始菌源量大、种植感病品种、潮湿多雨的气候条件与小麦扬花期相吻合，就会造成小麦赤霉病流行成灾

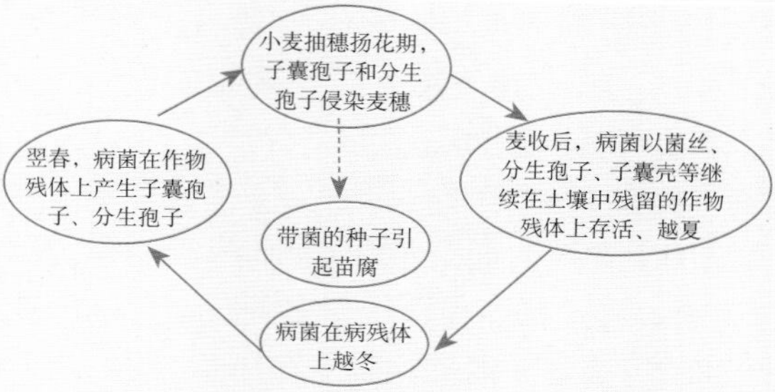

（马忠华绘）

防治适期 一般在齐穗至开花初期用药防治效果最好，对于高感品种可提前至破口期。根据天气预报，如抽穗扬花期可能遭遇阴雨天气，应及时喷药，抑制病菌侵染。

防治措施 小麦赤霉病的防治应采取以农业防治为基础，减少初侵染源，选用抗病品种和关键时期进行药剂保护的综合防治策略。

（1）**选用抗（耐）病品种** 虽尚未发现对小麦赤霉病高抗的小麦品种，但是我国已选育出一些比较抗病的品种。小麦赤霉病常发区最好选取对小麦赤霉病有中等以上抗性的品种，不种植高感品种。目前，扬麦和宁麦系列品种对小麦赤霉病均有较好的抗性，其他大多数品种对小麦赤霉病表现敏感。

（2）**加强农业防治** 播种前做好前茬作物残体的处理，利用机械等方式粉碎作物残体，翻埋土下，使土壤表面无完整秸秆残留，减少田间初侵染菌源数量。播种时要精选种子，减少种子带菌率；控制播种量，避免植株过于密集和通风透光不良。根据土壤的含钾状况，基肥施用含钾的复合肥，一般每公顷可施含钾复合肥225 ~ 375千克或氯化钾120 ~ 180千克，以提高小麦的抗病性。控制氮肥施用量，防止倒伏和早衰。小麦赤霉病的发生与土壤湿度和空气湿度有密切关系，扬花期应少灌水，多雨地区麦田冬春季做好开沟排水，要做到雨过田干，沟内无积水。

（3）**小麦抽穗扬花期做好药剂防治**

① 防治时期。在当前品种普遍抗性较差的情况下，化学药剂防治仍是防治小麦赤霉病的重要手段。在防治策略上要坚持“预防为主，主动出击”的原则。防治效果主要取决于首次施药时间，一般在齐穗至开花初期用药防治效果最好，对于高感品种可提前至破口期。根据天气预报，如抽穗扬花期可能遭遇阴雨天气，应及时喷药，抑制病菌侵染。

② 防治次数。小麦赤霉病的药剂防治次数取决于天气情况和小麦品种特性。在初次用药后7天内，如遇连续高温多湿天气，必须防治第二次。对于高感品种，或开花整齐度差、花期相差7天以上的田块，也应进行第二次防治，两次防治时间间隔7天左右。

③ 防治药剂。自20世纪70年代以来，多菌灵等苯并咪唑类杀菌剂一直是防治小麦赤霉病的主要杀菌剂，多菌灵的推荐使用量为每公顷50克（有效成分），以超微粉剂效果最佳。也可使用多菌灵与戊唑醇或三唑酮的复配剂及戊唑醇、氰烯菌酯等药剂防治赤霉病。在江苏、浙江等地对多菌灵出现抗药性菌株区域应避免单独使用多菌灵，而在未发现抗药性菌株的区域也应避免长期单一使用多菌灵，以延缓病菌抗药性的发生与发展。防治时手动喷雾器每公顷用水量为300 ～ 450升，机动弥雾机每公顷用水量为225升。在防治小麦赤霉病时要注意兼顾防治小麦白粉病、吸浆虫和麦蚜等其他病虫害。

易混淆病害

易混淆病害	主要区别
小麦煤点病	病斑灰白色，周围褐色，与健康组织界限较清楚，病斑内生黑色小点，细小，病粒灰褐色，表面皱缩
小麦黑霉病	病斑黑褐色，微小，形状不规则，上面全被黑色粉末覆盖，用手可抹去，对麦粒影响较小
小麦黑点病	初期症状似赤霉病，小穗基部穗轴变褐，但不生红霉，病粒胚部形成黑色病斑
小麦颖枯病	在护颖上产生淡褐色狭长病斑，上面散生黑色小点，由于病斑颜色较深，所以小点有时不明显
小麦赤霉病穗腐	开始小穗基部或颖壳边缘变褐，水渍状与健康组织界限不清楚，不久在病部生出橘红色或粉红色霉层，病麦粒青枯、苍白或玫瑰色

小麦纹枯病

田间症状 小麦纹枯病可在小麦的各个生育期发生，主要为害植株基部的叶鞘和茎秆。种子发芽后，芽鞘可受侵染而变褐，继而烂芽枯死，造成小麦缺苗。苗期发病初期，主要于小麦3～4叶期在第一叶鞘接近地表处出现边缘褐色、中间淡白色或灰白色、多为梭形或椭圆形的病斑。发病严重时病斑向内侧发展延伸至茎秆，茎基部第一、二节间变黑至腐烂，导致植株死亡。返青拔节后，病斑最早出现在下部叶鞘上，产生中部灰白色、边缘浅褐色的云纹状病斑。田间湿度大时，叶鞘及茎秆上可见蛛丝状白色的菌丝体，以及由菌丝纠缠形成的黄褐色的菌核。小麦茎秆的云纹状病斑及菌核是小麦纹枯病诊断识别的典型症状。由于茎部腐烂，小麦在生长后期极易倒伏，发病严重的主茎和大分蘖常抽不出穗，形成枯孕穗，有的虽能够抽穗但结实减少，籽粒秕瘦，形成枯白穗（图7）。

06
小麦纹枯病

图7 小麦纹枯病的田间为害状

A.基部叶鞘上的云纹状病斑 B.病斑相连形成云纹状病斑 C.穿透叶鞘侵染茎秆
D.病部出现白色菌丝体 E.放大病部黑色菌核（小黑点）

发生特点

病害类型	真菌性病害
病　原	无性态主要为禾谷丝核菌（*Rhizoctonia cerealis*），立枯丝核菌（*R. solani* Kühn）所占比例较小，属半知菌亚门丝核菌属。禾谷丝核菌有性态为禾谷角担菌[*Ceratobasidium graminearam*（Bourd.）Rogers]，为担子菌亚门角担菌属；立枯丝核菌有性态为瓜亡革菌[*Thanatephorus cucumeris*（Frank）Donk]，属担子菌亚门亡革菌属
越冬、越夏场所	病原菌菌核、菌丝体（在病残中）在田间越夏、越冬。菌核在干燥条件的土壤中可存活6年之久
传播途径	病原菌可通过带菌的土壤、病残体、未腐熟的有机肥等传播
发病原因	越冬土壤含菌量大、菌源品种抗性低、秋冬季温度高、播期早、氮肥量大、田间郁闭易发病

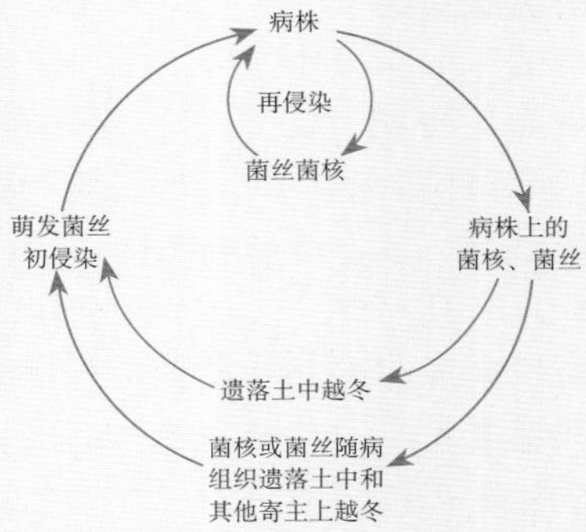

（陈怀谷绘）

防治适期 目前主要采用以农业防治为基础，种子处理为重点，早春药剂防治为辅助的综合防治技术。

防治措施

（1）**农业防治措施**　选种抗（耐）病品种；适期精量播种，防止冬前发生量大、侵染早；加强肥水管理，沟系配套，排灌通畅；平衡施肥，不偏施氮肥，控制群体数量；做好麦田除草工作。

（2）**种子处理**　60克/升戊唑醇悬浮种衣剂，每10千克小麦种子用药5～6.67毫升，加水200毫升拌种；或采用30克/升苯醚甲环唑悬浮种衣剂，每10千克种子用药20～30毫升，加水200毫升拌种。可兼治黑穗病。

（3）**药剂防治**　小麦拔节初期，当病株率达10%时开始第一次防治，以后隔7～10天根据病情决定是否需要再次防治。可使用井冈霉素、丙环唑、己唑醇、戊唑醇等单剂及复配剂。小麦纹枯病严重田块，在拔节期要采取“大剂量、大水量、提前泼浇或兑水粗喷雾”的方法，确保药液淋到根、茎基等发病部位，切实提高防治效果。可每公顷用5%井冈霉素水剂3 750毫升兑水750千克喷洒。

小麦全蚀病

田间症状 小麦全蚀病典型的田间症状是抽穗期至灌浆期呈现的白穗症状和茎基部与根部的黑化症状。病原菌菌丝侵入麦苗根部后大量繁殖，破坏根组织细胞，堵塞根部导管，使植株体内营养及水分不能正常运输，导致麦苗分蘖减少，植株下部黄叶增多，麦穗变小并停止生长。苗期感病的植株有时还会出现矮化现象。病原菌在小麦的整个生长期间都能侵染，以成株期症状最为明显。成株期的症状类似于小麦干旱时的症状，由于植株根系受害并且茎基部受侵染，小麦体内水分、养分的吸收和运输受阻，导致病株枯死、麦穗变白，穗粒数减少，籽粒干瘪（图8）。另外，感染了小麦全蚀病的麦株由于生长瘦弱以及根部腐烂很容易被从土壤中拔起。

图8 小麦全蚀病的田间为害状
A. 田间大面积发生症状 B—D. 根部受害状

发生特点

病害类型	真菌性病害
病　原	有性型为禾顶囊壳小麦变种[*Gaeumannomyces graminis* var. *tritici*]，其无性孢子在自然条件下尚未发现
越冬、越夏场所	病原菌以菌丝体在小麦的根部以及土壤中的病残组织中越冬；病原菌在土壤病残体上长期存活，通过菌丝侵染寄主，当寄主根部死亡后，以菌丝体在田间小麦残茬上和夏季寄主的根部以及混杂在土壤、麦糠、种子间的病残体组织上越夏
传播途径	小麦全蚀病病菌在小麦整个生育期都可侵染，是典型的土传病害，病原菌主要依靠土壤中病根残茬以及混杂有病根、病茎、病叶鞘等残体的粪肥或种子三种途径进行传播
发病原因	低温高湿，越冬土壤含菌量大、土壤有机质含量低、品种感病、播期早等条件下发病重

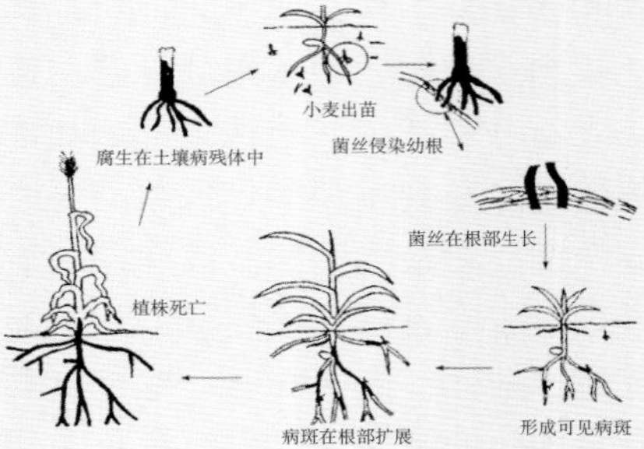

防治适期 必须以预防为主，采取以农业控制为基础的综合防治措施，做到保护无病区、封锁零星病区、压低老病区病情。

防治措施

（1）**植物检疫**　小麦全蚀病是我国重要的植物检疫对象。通过规范严格的植物检疫流程，可以有效地防止小麦全蚀病在我国各地区传播与蔓延。尤其是产地检疫，要选取无病地块留种，单打单收，严防种子夹带病残体传病。

（2）**农业措施**

① 轮作倒茬。小麦全蚀病病菌主要以菌丝体随病残体在土壤中越夏或越冬。小麦或大麦连作有利于土壤中病原菌积累，连作多年病情逐年加重。合理轮作不仅阻断了病原菌菌丝与寄主作物的接触，使土壤中菌丝量不断降低，而且某些轮作作物还可能产生对病原菌有抑制作用的物质。在重病区实行轮作倒茬是控制小麦全蚀病的有效措施，轻病区合理轮作可延缓病害扩展蔓延。生产中常用的轮作作物有烟草、薯类、甜菜、胡麻、蔬

菜、绿肥、棉花等。此外，用水旱轮作的方式来控制小麦全蚀病的发生发展也是切实可行的。

由于小麦全蚀病有明显的自然衰退现象，在小麦—玉米连作的条件下，病害发生达到高峰后要继续种植小麦和玉米，通过全蚀病的自然衰退控制为害。此时不可盲目轮作，否则会干扰全蚀病自然衰退进程，之后再种植小麦就会出现第二次病害高峰。

② 耕作栽培，配方施肥。增施有机肥、磷肥，适期晚播等综合措施，能收到明显的防病增产效果。为避开病菌秋季侵染高峰期，要适期晚播，对晚播小麦要增加基肥和播种量，选用适宜晚播品种，确保小麦晚播高产。

③ 种植抗（耐）病品种。山东省烟台市农业科学研究院通过对10个省份13 047份小麦品种资源盆栽培种进行鉴定，所有材料均感病，未发现免疫和高抗品种，但品种间耐病性差异显著。耐病品种多具根系发达和产生新根能力较强等特点，如烟农15号、济南13号、济宁3号等。迄今为止，尚未找到对小麦全蚀病免疫或高抗的小麦品种。

（3）**化学防治**

① 土壤处理。河南省农业科学院植物保护研究所试验结果表明，用70%甲基硫菌灵可湿性粉剂或50%多菌灵可湿性粉剂每公顷30 ～ 45千克，加细土300千克，混匀后施入播种沟内，防效可达70%以上，增产效果显著。这些防治方法由于成本高，只能在点片发生地的扑灭性保护时和需要排除小麦全蚀病干扰的试验田内应用，并不适用于生产上大面积应用。

② 种子处理。小麦全蚀病是典型的土传病害，种子包衣和拌种是防治该病害最为经济有效的途径。河南省农业科学院植物保护研究所试验证明，用12.5%硅噻菌胺悬浮剂按种子重量的0.2% ～ 0.3%的比例拌种，对小麦全蚀病防效可达90%以上。硅噻菌胺是目前唯一防治小麦全蚀病的特效药剂，但仅仅对小麦全蚀病有效，对其他病害没有效果。三唑类杀菌剂（三唑酮、三唑醇和烯唑醇）拌种也能起到一定的作用，但易在苗期产生药害，严重抑制小麦出苗，不宜在生产上用于防治小麦全蚀病。苯醚甲环唑、咯菌腈种衣剂防治小麦全蚀病的效果虽不理想，但能防治小麦纹枯病等其他病害，提高保苗效果，增产作用比较明显。

③ 药液喷浇。在上年发病的田块，本季又未进行土壤和种子处理，可用15%三唑酮可湿性粉剂每公顷3千克，加水750千克，在小麦返青拔节期喷浇麦苗；丙环唑、烯唑醇、三唑醇等杀菌剂也可用于喷浇防治小麦全蚀病。

小麦根腐病

田间症状 小麦种子、幼芽、幼苗、成株根系、茎叶和穗部均可受害，受害后表现出一系列复杂的症状（图9）。

苗期染病，种子带菌严重的不能发芽，轻者能发芽但幼芽脱离种皮后即死在土中，有的虽能发芽出苗，但生长势弱。幼苗染病后在芽鞘和地下茎上初生浅褐色条斑，后变暗褐色，腐烂面积扩大，部位加深，严重的幼

图9 小麦全蚀病的田间为害状
A—B.根部受害状 C—D.叶部症状
（C、D由孟庆林提供）

芽烂死，不能出土。出土后的幼苗可因其地下部分腐烂加重，生长衰弱而陆续死亡，未死病苗发育迟缓，生长不良。另外，幼苗近地面叶片上还散生长圆形或不规则形褐色病斑，严重时病叶变黄枯死。

成株期可继续发生根腐和茎基腐。发生根腐的植株茎基部出现褐色条斑，严重时茎折断枯死，或虽直立不倒但提前枯死。枯死植株青灰色，白穗不实，俗称“青死病”。拔起病株可见根毛和主根表皮脱落，根冠部变黑并黏附土粒。节部发病常使茎秆弯曲，后期病节黑色，生霉状物。

成株期还发生严重的叶斑、叶枯和穗腐症状。染病叶片上初生黑色小点，后扩大成梭形、长椭圆形或不规则形浅褐色斑，病斑中央浅褐色至枯黄色，周围深绿色，有时有褪绿晕圈。病斑两面均生灰黑色霉，即病原菌的分生孢子梗和分生孢子。叶片多数病斑相互连接融合成大斑后枯死，严重的整叶枯死。叶鞘病斑不规则形，浅黄至黄褐色，周围色泽略深或边缘不清楚，严重时整个叶鞘连同叶片枯死。

穗部发病在颖壳基部形成水浸状斑，后变褐色，表面覆黑色霉层，穗轴和小穗轴也常变褐腐烂，小穗不实或种子不饱满。在高湿条件下，穗颈变褐腐烂，使全穗枯死或掉穗。麦芒发病后，产生局部褐色病斑，病斑部位以上的一段芒干枯。种子被侵染后，胚全部或局部变褐色，种子表面也可产生梭形或不规则形暗褐色病斑。有的籽粒染病后，胚部或其周围出现深褐色的斑点，或带有浅褐色不连续斑痕，其中央为圆形或椭圆形的灰白色区域，这种斑痕为典型的眼睛状；还有一种是籽粒灰白色或带有浅粉红色凹陷斑痕，籽粒一般干瘪，重量轻，表面有菌丝体。胚部变褐腐烂的种子（俗称“黑胚病”）不发芽或发芽率很低。

发生特点

病害类型	真菌性病害
病 原	小麦根腐平脐蠕孢[*Bipolaris sorokiniana* (Sacc.) Shoem.]，属无性型真菌类平脐蠕孢属。有性阶段为禾旋孢腔菌[*Cochliobolus sativus* (Ito et Kurib.) Drechsler.]
越冬、越夏场所	病菌以菌丝体或散落于土壤中的分生孢子在病株残体上越冬或越夏，种子、自生麦苗和其他寄主也可以带菌
传播途径	土壤、病残体和种子带菌为小麦根腐病的主要初侵染菌源，借助气流或雨滴飞溅传播
发病原因	田间菌源量高、高温、多雨、高湿、播期晚、品种抗性差、生长势弱

防治适期 降低种子带菌率，采用无病田留种，播种前进行药剂拌种；抽穗扬花期发现病株及时喷药防治。

防治措施

控制小麦根腐病应采取种植抗（耐）病品种、耕作栽培措施防病和应用药剂防治的综合措施。

（1）**选用抗（耐）病品种** 不同小麦品种对该病害的抗性差异较大，选择较抗病品种是防治该病害的一项有效措施。各地应因地制宜选用抗（耐）病品种。对小麦根腐病（叶腐）表现较抗病的品种有：望水白、温州和尚、华东3号、海口1号、川育5号、宁7840、洛夫林13、辽中4号、中抗1号、克春1号、克春4号、北麦9号、克旱20、垦九10号等。

（2）**耕作栽培措施**

① 科学播种。播种深度不宜过深并适期早播，避免在土壤过湿、过干条件下播种，不仅可提高田间保苗株数，还可减轻苗期根腐病的危害程度。

② 轮作、翻耕灭茬与选用无病种子。轮作与翻耕灭茬是减少田间菌源的一项有效措施。根腐病严重的地区应与马铃薯、油菜、胡麻、豆类、蔬菜等非禾本科作物轮作。麦收后及时翻耕灭茬，清除田间禾本科杂草，秸秆还田后要及时翻耕将秸秆埋入地下，促进病残体腐烂。另外，采用无病田留种，使用无病种子也可减少苗期根腐、苗腐的发生。

③ 合理施肥。施足底肥，有条件的可增施有机肥或经酵素菌沤制的堆肥，以促进出苗，培育壮苗。小麦生长期需防冻、防旱，增施速效肥，以增强植株抗病性和病株恢复能力。

（3）**药剂防治** 药剂防治小麦根腐病有两种方式，一是药剂拌种防治苗期根腐和苗腐，可提高种子发芽率和田间保苗数与成穗数；二是施药防治叶部病害，可提高籽粒重量和减轻病粒率。

① 种子处理。可用25%三唑酮可湿性粉剂按种子量的0.2%拌种，亦可用50%代森锰锌可湿性粉剂、50%的福美双可湿性粉剂或12.5%烯唑醇可湿性粉剂按种子量的0.2%～0.3%拌种，或用2.5%咯菌腈悬浮种衣剂按药、种比1∶500包衣，可防治苗期根腐、苗腐和降低田间菌量。

② 叶片和穗部病害防治。成株期叶片和穗部病害防治，可每公顷用25%丙环唑乳油药500～600毫升、50%多菌灵可湿性粉剂或70%甲基硫菌灵可湿性粉剂1 500克、15%三唑酮可湿性粉剂1 200～1 500克，以上药剂均按每公顷兑水750千克喷雾。两种药剂混用如三唑酮+多菌灵可提高防效。黑龙

江春麦区在扬花期用药，一般一次即可，大发生年份应在第一次喷药7～10天后再喷一次。黄淮海冬麦区在孕穗—抽穗期喷药防病保产效果最好。

小麦茎基腐病

田间症状 病原菌一般从根部和根茎结合部侵入，侵染小麦主茎和分蘖茎，然后随着小麦的生长发育扩展至小麦茎基部。小麦苗期受到侵染后，幼苗茎基部叶鞘和茎秆变褐，严重时引起麦苗发黄死亡，拔节抽穗期感病植株茎基部变为褐色，田间湿度大时茎节处可见红色霉层，成熟期严重的病株产生枯死白穗，籽粒秕瘦甚至无籽，对产量造成极大影响（图10）。

图10 小麦茎基腐病的田间为害状

A.灌浆期田间白穗点发生 B.发病植株矮化 C—D.茎基部酱油色 E—F.发病部位产生粉红色或白色霉层 G.湿度较大时发病节间产生红色霉层

（A、B、G引自徐飞等，2016）

小麦茎基腐病是一种由多种病原菌引起的土传病害，主要症状如下。

①植株在生长前期受到侵染后，可导致种子萌发前的腐烂以及苗期枯萎症状；苗期受到侵染后，首先表现出基部变褐的现象，然后扩展至胚芽鞘、根茎和叶鞘部位。

②根冠受侵染可引起根部的腐烂症状，根部受侵染后引起根部组织表皮变褐，变褐部位可能出现在种子根和次生根上。

③茎部变褐（巧克力色）症状可扩展至第六茎节，有时候会出现但一般不会上升至穗部，另外，潮湿条件下，茎节节点处可产生红色或白色的菌丝。

④随着小麦茎基腐病的发展，最终可形成白穗症状，致使颖壳内无籽或者出现不同程度的秕籽。在潮湿条件下，由于腐生菌的作用，枯白穗变暗，植株矮化、萎蔫、青枯和枯死等。

发生特点

病害类型	真菌性病害
病　原	我国小麦茎基腐病病原菌主要有假禾谷镰孢（*Fusarium pseudograminearum*）、禾谷镰孢（*F. graminearum*）、亚洲镰孢（*F. asiaticum*）、黄色镰孢（*F. culmorum*）
越冬、越夏场所	假禾谷镰孢和禾谷镰孢主要以菌丝体的形式存活于土壤中或病残体上，黄色镰孢以厚垣孢子或分生孢子长期存活于土壤中或病残体上
传播途径	土传病害，也可以通过种子传播
发病条件	小麦生长前期高温，后期低温，降水日、降水量多
发病原因	越冬土壤含菌量大、播种早，高密度种植

防治适期　采用预防为主的原则，目前缺乏抗病品种，筛选高效的药剂和防治方法是确保小麦稳产的重要保障。

防治措施

（1）**农业措施**　以培育壮苗为中心，如适期适量播种，增施磷、钾肥和锌肥，轮作换茬。重病田改种大蒜、圆葱、棉花、大豆等经济作物。

（2）**选用抗病品种**　选用抗病品种是最经济有效的办法。但是，目前主栽品种如济麦22、鲁原502、良星99、山农28等都感此病，新审新引品种能否抗此病有待观察筛选。苗期没有抗性材料，成株期鉴定为中抗的小麦品种有兰考198、许科718、泛麦8号、豫保1号、周麦24、农201、济麦22、郑麦902和周麦26。

（3）**种子包衣或药剂拌种** 种子包衣用酷拉斯50毫升兑水0.5 ～ 0.75千克包50千克种子，或用适麦丹150毫升+锐胜100毫升包50千克种子。用多菌灵+苯醚甲环唑（1∶1），或多菌灵+嘧菌酯（1∶1）与种子按1∶500的比例进行药剂拌种。

（4）**药剂处理土壤** 结合翻耕整地用低毒广谱杀菌剂如多菌灵、代森锰锌、甲基硫菌灵、高锰酸钾等药剂处理土壤。在翻耕或旋耕第一遍地后，选用两种药剂兑水均匀喷雾垡面，然后再旋耕或耙耢第二遍地。

（5）**在小麦返青起身期喷药控制** 用“阿立卡+杨彩”或噁霉灵、甲霜噁霉灵或戊唑醇、苯醚甲环唑或咯菌清、嘧菌酯等兑水顺垄喷雾，控制病害扩展蔓延。50%甲基硫菌灵可湿性粉剂、25%多菌灵可湿性粉剂和50%苯菌灵可湿性粉剂在茎基腐发病初期按药品说明稀释后喷雾，防效均在75%以上。

（6）**清理病残体** 在夏收或秋收时，将小麦秸秆或玉米秸秆清出病田外，勿再直接还田。

易混淆病害

易混淆病害	穗部	茎基部	根系
小麦茎基腐病	白穗或半截白穗	灰褐色腐烂	发黄或腐烂
小麦根腐病	白穗或半截白穗	茎干枯	发黄或腐烂
小麦全蚀病	白穗	黑膏药状	发黄
小麦纹枯病	半截白穗	云纹状病斑	白根或黄根
小麦赤霉病	白穗、红褐色斑点	茎干枯	发黄或腐烂

小麦散黑穗病

田间症状 小麦散黑穗病主要危害穗部。病株抽穗期往往略早于健株。初期病穗外面包一层灰白色薄膜。病穗在未出苞叶之前，内部就已完全变成黑粉（病菌的厚垣孢子），薄膜也破裂，隔着苞叶有时可隐约看到灰色。病穗尖端略微露出苞叶时，即有黑粉散出。病穗抽出后，黑粉被风雨吹散，只剩下弯曲的穗轴。病穗上的小穗全部被毁或部分被毁，仅上部残留少数健全小穗。一株发病，往往主茎和所有分蘖都出现病穗，但也可能有部分分蘖、穗避免病菌侵害而正常结实，这种现象在抗病品种中比较常见。小麦同时受小麦腥黑穗病病菌和小麦散黑穗病病菌侵染时，下部为散黑穗，小麦散黑穗病病菌偶尔也侵害叶片和茎秆，在其上长出黑色条状孢子堆（图11）。

图11 小麦散黑穗病的田间为害状

A—B. 田间大面积发生症状 C. 初期症状 D. 后期症状

发生特点

病害类型	真菌性病害
病 原	小麦散黑粉菌（*Ustilago tritici*），属担子菌门黑粉菌属
越冬、越夏场所	病原菌以休眠菌丝体在病粒子叶的小盾片内越冬、越夏
传播途径	带菌种子是病害传播的唯一途径
发病原因	种子带菌，抽穗扬花期温度适宜，空气湿度大，利于发病，微风有利于病菌孢子的飞散和传播

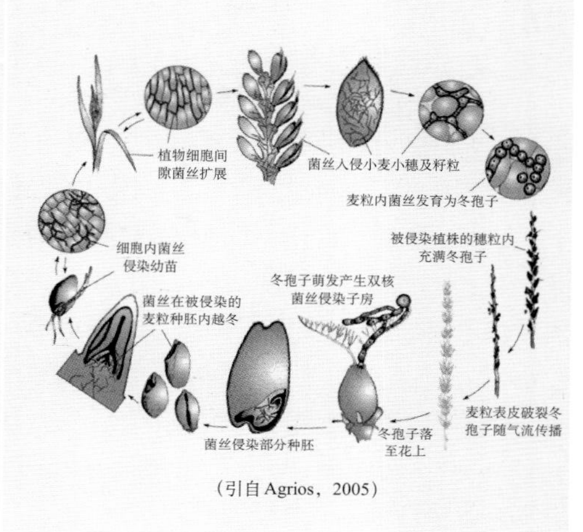

（引自Agrios，2005）

防治适期 防治小麦散黑穗病关键在于进行种子处理，消灭潜藏于种子胚部的菌丝体。

防治措施

（1）**建立无病种子田** 由于近年来国内很少有人开展针对此病害的抗病育种工作，而且生产品种对小麦散黑穗病抗性情况不清，因此建立无病种子田是一项控制此病害的有效方法，而且此法省时省工，只需对种子田用的少量种子进行药剂处理。由于小麦散黑穗病病菌靠空气传播，其传播的有效距离为100 ~ 300米，无病留种田应设在大面积麦田300米以外。小麦抽穗前，加强种子田的检查，及早拔除残留的病穗，以保证种子完全不受病原菌侵染。

（2）**种子处理** 通过种子处理可消灭潜藏于种子胚部的菌丝体，这是防治小麦散黑穗病的关键措施。处理方法如下：用种子重量0.03%（有效成分）的三唑酮或0.015% ~ 0.02%（有效成分）的三唑醇，还可用0.02% ~ 0.04%（有效成分）烯唑醇拌种，可兼治小麦腥黑穗病和小麦秆黑粉病以及苗期的锈病和白粉病。也可用种子重量0.2%的50%多菌灵可湿性或40%拌种双（20%拌种灵+20%福美双）拌种，可兼治小麦腥黑穗病和小麦秆黑粉病。用拌种双成本较低，但应严格掌握用量，否则易产生药害。

小麦网腥黑穗病

田间症状 小麦网腥黑穗病又称黑疸、乌麦、腥乌麦，症状与小麦光腥黑穗病相同。抽穗以前，小麦网腥黑穗病病菌在极幼嫩的子房中产生孢子，此时症状可能并不明显。受侵染的未成熟麦穗通常比健康麦穗绿色更深，且维持绿色的时间更长，并经常带有轻微的蓝灰色。病株一般较健株稍矮或正常。颖壳略向外张开，露出部分病粒，除此之外，麦穗的外观接近正常。小麦受害后，通常是全穗麦粒变成病粒，但也有的是部分麦粒发病。病粒较健粒短粗，初为暗绿后变灰黑色，外被一层灰包膜，内部充满黑色粉末（病菌厚垣孢子），破裂后散出含有鱼腥味的气体三甲胺，故称小麦网腥黑穗病（图12）。

图12　小麦网腥黑穗病的田间为害状（刘太国　摄）

发生特点

病害类型	真菌性病害
病 原	网状腥黑粉菌（*Tilletia tritici*）属担子菌门腥黑粉菌属
越冬、越夏场所	病菌以厚垣孢子附着在种子外表或混入粪肥、土壤中越冬或越夏
传播途径	种子带菌是传播病害的主要途径，粪肥、土壤也可以传播
发病原因	土壤和种子带菌量高、播种期气温偏低、冬小麦迟播和春小麦早播，均有利于病害的发生

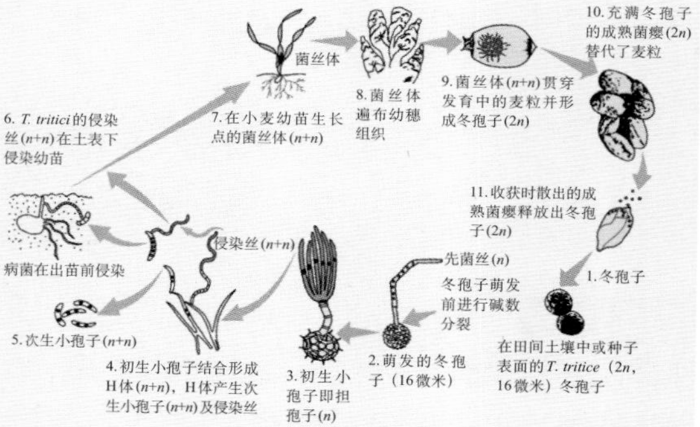

（引自杨岩等，1999）

防治适期 加强产地检疫，禁止将未经检疫且带有小麦网腥黑穗病的种子调入未发生地区，对来自疫区的收割机要进行严格的消毒处理；一旦发现麦田病害，要采取焚烧销毁等灭除措施。

防治措施

（1）**种植抗（耐）病品种** 加强抗病品种的筛选和选育，推广和种植抗（耐）病品种。小麦网腥黑穗病病菌会与小麦光腥黑穗病病菌及小麦矮腥黑穗病病菌在自然条件下进行杂交，尽管与后者杂交发生的概率很小。因此，小麦对小麦网腥黑穗病的抗病基因与对小麦光腥黑穗病的抗病基因相同，抗病品种也相同，可以种植相同的抗（耐）病品种。

（2）**种子处理** 常年发病较重的地区，用2%戊唑醇悬浮种衣剂拌种剂10～15克加少量水调成糊状液体与10千克麦种混匀，晾干后播种。也可用种子重量0.1%～0.15%的15%三唑醇干拌种剂、0.2%的40%福美双可湿性粉剂、0.2%的50%多菌灵可湿性粉剂、0.2%～0.3%的20%萎锈灵乳油，以及咯菌腈、苯醚甲环唑、腈菌唑等药剂拌种和闷种，都有较好的防治效果。

（3）**处理带菌粪肥** 在以粪肥传播为主的地区，还可通过处理带菌粪肥进行防治。提倡施用酵素菌沤制的堆肥或施用腐熟的有机肥。对带菌粪肥加入油粕（豆饼、花生饼、芝麻饼等）或青草保持湿润，堆积一个月后再施入田间，或与种子隔离施用。

（4）**栽培措施**　春麦不宜播种过早，冬麦不宜播种过迟，播种不宜过深。播种时施用硫酸铵等速效化肥做种肥，可促进幼苗早出土，减少感染机会。

小麦光腥黑穗病

田间症状　小麦光腥黑穗病又称腥乌麦、黑麦、黑疸，症状主要出现在穗部，病株一般较健株稍矮，分蘖增多，矮化程度及分蘖情况因品种而异。病穗较短，直立，颜色较健穗深，开始为灰绿色，以后变为灰白色，颖壳略向外张开，露出部分病粒。小麦受害后，通常是全穗麦粒变成病粒，但也有一部分麦粒变成病粒的。病粒较健粒短粗，初为暗绿色，后变灰黑色，外包一层灰包膜，内部充满黑色粉末（病菌冬孢子），破裂散出含有鱼腥味的气体三甲胺，故称小麦光腥黑穗病（图13）。

图13　小麦光腥黑穗病的田间为害状
A.病穗直立　B.颖壳张开，露出病粒　C.灌浆初期病健籽粒对比　D.收获后病健粒对比

发生特点

病害类型	真菌性病害
病　原	光滑腥黑粉菌（*Tilletia laevis* Kühn），属担子菌亚门真菌
越冬、越夏场所	病菌以冬孢子附着在种子外表或混入粪肥、土壤中越冬或越夏
传播途径	种子带菌是传播病害的主要途径，也可通过粪肥、土壤传播
发病条件	低温、中等湿度
发病原因	土壤和种子带菌量高、播种期气温偏低、冬小麦迟播和春小麦早播，均有利于病害的发生

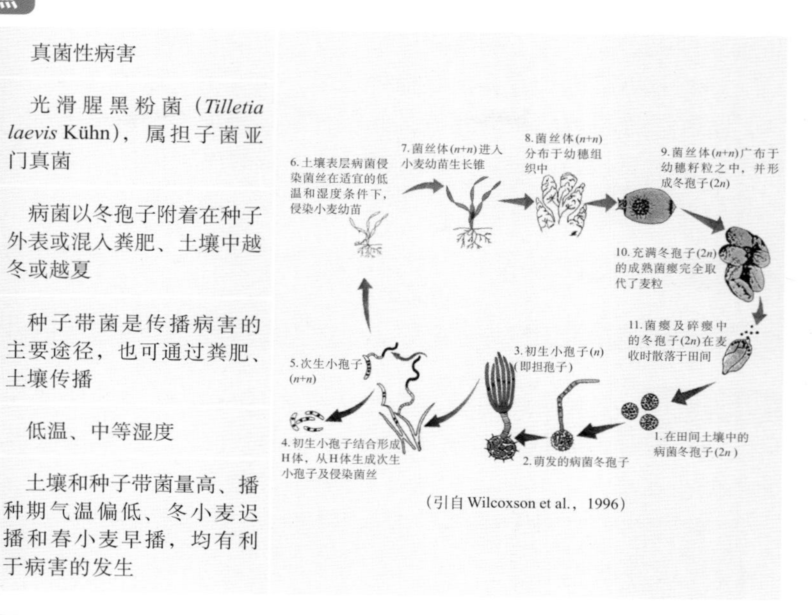

（引自 Wilcoxson et al.，1996）

防治适期 做好产地检疫，禁止将未经检疫且带有小麦光腥黑穗病的种子调入未发生区，对来自疫区的收割机要进行严格的消毒处理，一旦发现病害要采取焚烧销毁等灭除措施。

防治措施

（1）**种植抗（耐）病品种** 加强抗病品种的筛选和选育，推广和种植抗（耐）病品种。目前抗性比较好的品种有豫麦47优系、兰考矮早8号、宛原白1号、品99281、西杂5号、小堰22、皖协240、淮9706、新优1号、周麦18、石O1Z056、兴资9104、藁麦8901、开麦18、花培5号等。

（2）**种子处理** 常年发病较重地区，用2%戊唑醇拌种剂10 ~ 15克，加少量水调成糊状与10千克麦种混匀，晾干后播种。也可用种子重量0.15% ~ 0.2%的20%三唑酮或0.1% ~ 0.15%的15%三唑醇干拌种剂、0.2%的40%福美双可湿性粉剂、0.2%的50%多菌灵可湿性粉剂、0.2%的70%甲基硫菌灵可湿性粉剂、0.2% ~ 0.3%的20%萎锈灵乳油等药剂拌种和闷种，都有较好的控制效果。

（3）**处理带菌粪肥** 在以粪肥传染为主的地区，还可通过处理带菌粪肥进行防治。提倡施用酵素菌沤制的堆肥或施用腐熟的有机肥。对带菌粪肥加入油粕（豆饼、花生饼、芝麻饼等）或青草保持湿润，堆积一个月后再施到地里，或与种子隔离施用。

（4）**栽培措施** 春麦不宜播种过早，冬麦不宜播种过迟，播种不宜过深。播种时施用硫酸铵等速效化肥做种肥，可促进幼苗早出土，减少侵染机会。及时更换新品种，一般做到3 ~ 5年的品种更换，即可将小麦光腥黑穗病完全根除。

小麦矮腥黑穗病

田间症状 小麦矮腥黑穗病典型症状是感病植株比健壮植株矮25% ~ 66%，病株叶上有枯黄色条状病斑；分蘖较多，比正常植株多1倍以上；病穗的小花增多、紧密，病穗偏宽偏大（图14）。

图14 小麦矮腥黑穗病的田间为害状
A.田间大面积发生 B—C.病穗

（1）**苗期症状** 受侵染的植株产生大量的矮化分蘖。健株分蘖2 ~ 4个，病株4 ~ 10个，甚至可多达20 ~ 40个分蘖。叶片产生褪绿斑纹。褪绿斑纹及矮化多蘖的症状因病害严重程度和环境条件而有所差异。

（2）**抽穗、扬花期症状**

①受侵染小花的未成熟子房呈深绿色。随着子房生长，菌丝生长和孢子形成由内向外展开，直到子房壁内部几乎所有的寄主组织都被消耗殆尽。

②病株矮化、小花增多。感病植株的高度仅为健康植株的1/4 ~ 2/3，在重病田常可见到健穗在上面，病穗在下面，这就是典型的“二层楼”现象。健穗每小穗的小花一般为3 ~ 5个，病穗小花增至5 ~ 7个，从而导致病穗宽大、紧密。

（3）**成熟期症状**

①发育完全的孢子团一般呈籽粒状，但比正常籽粒圆大，有芒品种芒外张，形成病穗的典型特征。成熟孢子团（菌瘿）几乎全部由冬孢子组成并被子房壁包被。

②孢子团散发出由三甲胺引起的强烈的鱼腥气味。

③成熟病粒近球形，坚硬不易压碎，破碎后成块状。在小麦生长后期，若降水多，病粒可涨破，孢子外溢，干燥后形成不规则的硬块。

发生特点

病害类型	真菌性病害
病 原	小麦矮腥黑粉菌（*Tilletia controversa*），属担子菌门腥黑粉菌属
越冬、越夏场所	病原菌以冬孢子在植株残体上越冬，也可在土壤中长期存活
传播途径	通过土壤或气流传播
发病条件	侵染周期较长可达数月，低温高湿
发病原因	田间菌源量高，持续的积雪覆盖提供持续低温和水分条件

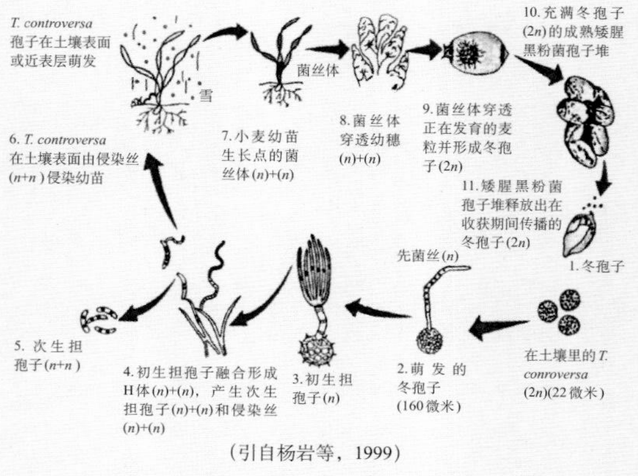

（引自杨岩等，1999）

防治适期 严格执行进口小麦以及原粮的检验检疫制度，带菌进口小麦或原粮应进行加工灭菌处理。

防治措施

（1）**化学防治** 苯醚甲环唑有效成分0.12克/千克具有很好的防治效果。

（2）**种植抗病品种** Blizzard、Carlisle和Tarso等品种是小麦矮腥黑穗病的抗病品种。

（3）**栽培措施** 重病地应实施轮作或改种春小麦，冬小麦适当晚播也可减轻病情。

小麦秆黑粉病

田间症状 小麦秆黑粉病，俗称乌麦、黑枪、黑疽、锁日疽，在欧美也曾被称为黑锈病。此病在小麦幼苗期即开始发生，拔节以后症状逐渐明显，至抽穗期仍有发生。发病部位主要在小麦的秆、叶和叶鞘上，极少数发生在颖或种子上。茎秆、叶片和叶鞘上的病斑初为淡灰色条纹，逐渐隆起，转深灰色，最后寄主表皮破裂，露出黑粉，即病菌的冬孢子。

小麦秆黑粉病

病株显著矮小，分蘖增多，病叶卷曲，重病株不能抽穗而枯死。有些病株虽能抽穗，但常卷曲于顶叶叶鞘内，即使完全抽出，多不结实，少数结实的籽粒也秕瘦。轻病株只有部分分蘖发病，其余分蘖仍能正常抽穗结实（图15）。

图15 小麦秆黑粉病的田间为害状

A. 严重发病田小麦全部枯死 B. 病株严重矮化，株高不及健株1/2 C. 病株卷曲畸形 D. 抽出畸形穗 E. 病株抽穗前枯死 F. 叶及叶鞘受害，病部隆起孢子堆条纹 G. 茎秆、叶鞘受害，病部隆起孢子堆条纹 H. 病部孢子堆破裂散出黑粉（冬孢子）

发生特点

病害类型	真菌性病害
病 原	小麦秆黑粉病病菌为小麦条黑粉菌（*Urocystis tritici* Körn.），属担子菌门条黑粉菌属。茎、叶、叶鞘上条斑所生的黑粉即病原菌的冬孢子（也称厚垣孢子）
越冬、越夏场所	病原菌孢子在土壤、种子、病残体上越冬、越夏，病原菌在干燥的土壤中可存活多年
传播途径	通过土壤、种子、带菌的粪肥进行传播
发病条件	低温，40%相对湿度
发病原因	土壤干旱、贫瘠、土质黏重、整地保墒不好、施肥不足等，均可延迟麦苗出土，而利于病原菌侵染

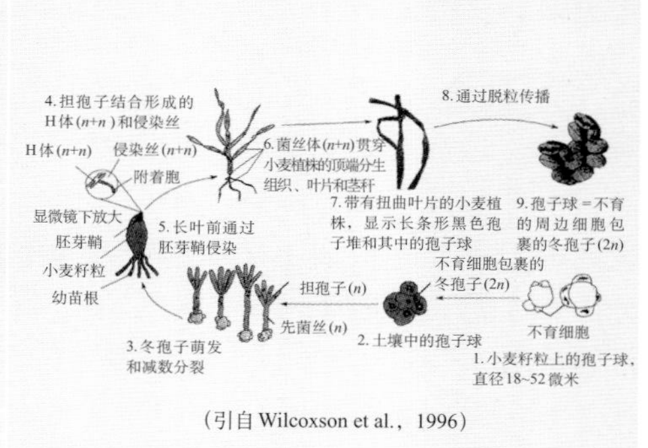

（引自 Wilcoxson et al.，1996）

防治适期 加强产地检疫，禁止将未经检疫且带有小麦秆黑粉病病菌的种子调入未发生地区，对来自疫区的收割机要进行严格的消毒处理；田间一旦发现病害，要采取焚烧销毁等灭除措施。

防治措施

（1）**种子处理** 选用抗病品种和使用无病种子是最有效的控制措施，但目前推广品种对此病害的抗性不明，所以种子处理是最重要的控制手段。常年发病较重地区可用12.5%烯唑醇可湿性粉剂每10千克种子用药20 ~ 30克拌种；2.5%咯菌腈悬浮种衣剂110毫升加水0.5千克，拌麦种10千克；也可以进行种子包衣，每100千克麦种用3%苯醚甲环唑悬浮种衣剂200 ~ 300毫升进行种子包衣；此外，还可用15%三唑酮可湿性粉剂或50%多菌灵可湿性粉剂0.1千克兑水5千克喷拌种子50千克，摊开晾干后播种。其他有效的药剂包括三唑醇、萎锈灵、氧化萎锈灵等。

（2）**栽培措施** 在以粪肥传染为主的地区，提倡施用酵素菌沤制的堆肥或净肥。土壤传病为主的地区，可与非寄主作物进行1 ~ 2年轮作。播种避免过深，瘠薄、土质黏重和保墒不好的地块，要通过合理施用农家肥和精细整地，改善土壤结构和提高土壤肥力，同时还要注意适时灌溉，以利出苗。

小麦叶枯病

田间症状 小麦叶枯病通常发生在小麦生长中后期，主要侵害小麦叶片和穗部，造成叶枯和穗腐。在小麦拔节至抽穗期开始发生，最初在叶片上于叶脉间形成淡褐色卵圆形小斑，以后逐渐扩展为浅褐色近圆形或长条形斑，亦可互相连接成不规则形较大病斑。病斑上密生小黑点，即病原菌的分生孢子器。一般下部叶片先发病，病斑从叶鞘向茎秆部扩展，并侵染穗部颖壳使其变为枯白色。病叶有时很快变黄、变薄、下垂，但不很快枯死。有时病叶病斑不大，但叶尖全部干枯，而后逐渐扩展，重病叶常早枯（图16）。

图16 小麦叶枯病的田间为害状

A—B. 发病初期的病叶 C—D. 发病后期的病叶

发生特点

病害类型	真菌性病害
病　原	小麦壳针孢（*Septoria tritici* Rob.et Desm.），属无性型真菌类壳针孢属。有性阶段为禾生球腔菌（*Mycosphaerella graminicola*），属子囊菌门球腔菌属。在新西兰、澳大利亚、以色列、荷兰、英国和美国等国均有报道，在我国尚未发现
越冬、越夏场所	在春麦区以分生孢子器及菌丝体在小麦病残体上越冬；在冬麦区，病原菌在小麦病残体或种子上越夏，秋季侵入麦苗，以菌丝体在病株上越冬
传播途径	借助风雨传播
发病原因	病残体、种子带菌量大，低温多雨，土质贫瘠，植株生长势弱，田间密度大，种植早熟品种发病重

防治适期 减少种子带菌和田间带菌量，选用抗病品种，加强栽培管理，重病区在分蘖前期进行药剂防治。

防治措施

（1）**选用抗（耐）病品种** 扬麦1号、67-777等品种较抗小麦叶枯病，山东的鲁麦23、南段、山农644、潍9819，甘肃省的甘麦23、702-28-11-5等品种叶片感病率在10%以下，牛朱特及其后代品种对小麦叶枯病表现高抗，东北地区的合作2号、合作3号、合作4号等均表现一定水平的抗性，各地可因地制宜地选择使用高产、优质、抗病品种。

（2）**加强栽培管理** 深耕灭茬，清除田间病株残体集中烧毁；使用充分腐熟的有机肥；消除田间自生麦苗，减少越冬（夏）菌源；冬麦适时晚播，合理密植，施足底肥，及时追肥，增施磷、钾肥，控制灌水量或次数，以增强植株抗病力，降低因小麦叶枯病造成的损失；重病田应实行三年以上轮作。

（3）**药剂防治**

① 药剂拌种和种子消毒。可用25%三唑酮可湿性粉剂75克拌麦种100千克闷种；75%萎锈灵可湿性粉剂250克拌麦种100千克闷种；50%多·福混合粉（25%多菌灵+25%福美双）500倍液浸种48小时；50%多菌灵可湿性粉剂、70%甲基硫菌灵可湿性粉剂、40%拌种灵可湿性粉剂、40%拌种双可湿性粉剂等4种药剂，均按种子量的0.2%拌种，其中拌种灵和拌种双易产生药害，使用时要严格控制剂量，避免湿拌。有条件的地区，也可使用种子重量0.15%（有效成分）的噻菌灵、0.03%（有效成分）的三唑醇拌种，控制效果均较好。

② 喷药。重病区，在小麦分蘖前期，每667米^{2}用70%代森锰锌可湿性粉剂143克或75%百菌清可湿性粉剂15克加水50～75升，或者20%三唑酮乳油、50%多菌灵可湿性粉剂、50%异菌脲可湿性粉剂、65%代森锌可湿性粉剂1 000倍液或1∶1∶140波尔多液进行喷药保护，每隔7～10天喷一次，共喷2～3次。也可在小麦挑旗期，顶三叶病情严重度为5%时，每667米^{2}用25%或50%苯菌灵可湿性粉剂17～20克（有效成分）或25%丙环唑乳油33毫升，加水50～75升喷雾，每隔14～28天喷一次，共喷1～3次，可有效地控制小麦叶枯病的流行。

小麦秆枯病

田间症状 小麦自苗期到抽穗结实期均可发病，主要危害茎秆和叶鞘。幼苗出土后一个月即可表现症状，初在幼苗第一片叶与芽鞘之间有针尖大小的小黑点，以后扩展到叶片、叶鞘和叶鞘内，呈梭形褐边白斑并有虫粪状物。拔节期在叶鞘上形成褐色云斑，边缘明显，病斑上有黑色或灰黑色虫粪状物，叶鞘与茎秆间逐渐发生一层白色菌丝，将内外层紧紧粘贴在一起。由于叶鞘受到破坏，有的叶片下垂卷缩，叶色先深紫而后枯黄，茎秆内充满白色菌丝。植株由于生长受阻而略有矮化，似红矮病株。抽穗后秆与叶鞘内菌丝层变为灰黑色，形成许多针尖大小的小黑点（子囊壳）突破叶鞘。此时茎基部被病斑包围而干枯甚至倒折，形成枯白穗和秕粒。病斑可发展到穗轴下，但穗部一般不被侵染。

小麦秆枯病

发生特点

病害类型	真菌性病害
病　原	小麦秆枯病是真菌性病害，其病原菌为禾谷绒座壳（*Gibellina cerealis* Pass.），属子囊菌门绒座壳属
越冬、越夏场所	病菌以菌丝和子囊孢子在土壤越冬、越夏，并能存活3年以上
传播途径	土壤中积累的菌量多则小麦发病可能重，混杂有病残组织的粪肥也可传病，种子带菌率很低对病害发生的作用不大
发病原因	田间菌源量大，品种抗病性低，低温高湿，气候条件适宜，土壤湿度大，土壤瘠薄，植株生长势弱

防治适期 加强栽培管理是防治小麦秆枯病最有效的措施。减少田间带菌量，播种时进行药剂拌种。

防治措施

（1）**加强栽培管理** 加强栽培管理是控制此病最有效的方法。麦收时重点清除田间有病残株，集中沤肥或烧毁，深翻土地和轮作倒茬；重病田应与其他作物实行三年以上轮作；麦秸、麦糠沤肥要充分腐熟；开沟排浸，雨后及时排水，避免苗期土壤过湿。以上措施对减轻小麦秆枯病的发生均有良好的效果。适期播种，合理施肥，可增强小麦抵抗力。如在播种沟内每667米^{2}施入粪尿或豆饼20 ～ 30千克，可减轻发病。

（2）**选用抗（耐）病品种** 各地根据各自情况，因地制宜选用抗（耐）病品种。

（3）**药剂防治** 用50%拌种双或福美双可湿性粉剂500克拌麦种100千克，40%多菌灵可湿粉100克加水3升拌麦种50千克，50%甲基硫菌灵可湿性粉剂按种子量0.2%拌种，均可减轻病害。

小麦颖枯病

田间症状 小麦从种子萌发至成熟期均可受到小麦颖枯病病菌为害，但主要发生在小麦穗部和茎秆上，叶片和叶鞘也可被害。穗部症状在乳熟期最明显，多在穗的顶端或上部小穗上先发生，初在颖壳上产生深褐色斑点，后变为枯白色，扩展到整个颖壳，其上长满菌丝和小黑点（分生孢子器），病重的不能结实。叶片上病斑初为长椭圆形，淡褐色小点，后逐渐扩大成不规则形大斑，边缘有淡黄色晕圈，中央灰白色，其上密生小黑点。病斑在叶的正、背面都可发生，但以正面为多。有的叶片受侵染后无明显病斑，而全叶或叶的大部变黄，剑叶被害多卷曲枯死。叶鞘发病后变黄，上生小黑点，常使叶片早枯。茎节受害呈褐色病斑，其上也生细小黑点。病菌能侵入导管并将其堵塞，使节部发生畸变、扭曲，上部茎秆变灰褐色折断而死。小麦颖枯病的病斑，无论在任何部位其色泽均较小麦叶枯病的深，因而病斑上的小黑点（分生孢子器）不如小麦叶枯病明显（图17）。

小麦颖枯病

图17 小麦颖枯病的田间为害状

发生特点

病害类型	真菌性病害
病　原	颖枯壳多孢（*Stagonospora nodorum*），属无性型真菌类壳多孢属。其有性阶段是颖枯暗球壳菌（*Leptosphaeria nodorum* Müller），在我国尚未发现
越冬、越夏场所	病原菌以分生孢子器和菌丝体在病残体上越夏、越冬
传播途径	分生孢子可借风、雨传播
发病原因	病残体和种子带菌量大，品种抗病性低，气候温暖潮湿，土壤瘠薄，植株生长势弱、倒伏，春麦晚播，生育期延迟易加重病情

防治适期 减少田间和种子带菌量是预防关键，播种前做好种子处理，做好田间管理并及时清除田间病残体，小麦抽穗至灌浆期，对重点田块喷雾防治。

防治措施

（1）**选用无病种子和抗（耐）病品种**　小麦颖枯病病田不可留种。

（2）**农业措施**　麦收后深耕灭茬，清除田间病株残体，集中沤肥或烧毁，消灭自生麦苗，压低越夏、越冬菌源。重病区调整作物布局，搞好轮作倒茬，实行两年以上的轮作。足墒播种，保证一播全苗，苗情一致。适期晚播，以推迟病菌侵入，减轻秋苗侵染。控制播种量，防止麦苗群体过大，增大植株间通透性。配方施肥，增施充分腐熟的有机肥，多施复合肥、专用肥，做到氮、磷、钾肥均衡。科学浇水，避免大水漫灌，及时排除田间积水。

（3）**药剂防治**　种子处理，用3%苯醚甲环唑悬浮种衣剂、2.5%咯菌腈悬浮种衣剂、2%戊唑醇湿拌种剂等按种子量的0.1%～0.2%拌种或包衣。也可用50%多菌灵可湿性粉剂、70%甲基硫菌灵可湿性粉剂、40%拌种双可湿性粉剂，按种子量的0.2%拌种。在小麦抽穗至灌浆期，对重点田块喷雾防治。可选择两种不同类型药剂混合使用，提高防治效果。小麦抽穗期，可用65%代森锰锌可湿性粉剂500倍液、70%甲基硫菌灵可湿性粉剂800～1 000倍液等药液喷雾。每隔7～10天喷洒一次，共喷2～3次。小麦灌浆期，当顶三叶病叶率达5%时，可用40%多·酮可湿性粉剂800～1 000倍液、25%丙环唑乳油1 200～1 500倍液、12.5%烯唑醇可湿性粉剂1 500～2 000倍液等药液喷雾。重病田隔5～7天再喷一次。

小麦雪霉叶枯病

田间症状 从萌芽期到成熟前麦株均可受害，产生芽腐、苗枯、基腐、鞘腐、叶枯和穗腐等多种症状，其中以成株期叶斑和叶枯特征最鲜明，为害也最重（图18）。

图18　小麦雪霉叶枯病为害状

（1）**芽腐和苗枯**　种子萌发后，胚根、胚根鞘和胚芽鞘腐烂变色。胚根数目减少，根长变短。胚芽鞘上产生长条形或长圆形黑褐色病斑，严重者胚芽鞘全部呈黑褐色腐烂，表面生白色菌丝。在出土前或出土后生长点均可烂死，幼芽水渍状溃烂。病苗基部叶鞘变褐坏死，坏死部向叶片基部扩展，致使整个叶片褐腐或变黄枯死。病苗生长衰弱，根短，不发达，根数减少，苗高降低，第一叶和第二叶明显缩短。重病幼苗植株水渍状变褐死亡。枯死苗倒伏，表面生白色菌丝层，有时呈污红色。

（2）**基腐和鞘腐**　麦株拔节后，发病部位逐渐上移，产生基腐和鞘腐。抽穗前，多数病株基部1 ～ 2节的叶鞘变褐腐烂，叶鞘枯死后色泽逐渐淡化，由深褐色变为枯黄色，与病叶鞘相连叶片也变褐枯死。有时病部的茎秆上产生暗褐色稍凹陷的长条形病斑。抽穗后，植株上部叶鞘也陆续发病，此时基部病鞘上出现子囊壳。上部叶鞘多由与叶片相连处开始发病，继而向叶片基部和叶鞘中下部扩展，病叶鞘变枯黄色至黄褐色，变色部多无明显的边缘，潮湿时，上面产生稀薄的红色霉状物。上部叶鞘发病可使旗下叶和旗叶枯死，为害严重。

（3）**叶枯** 成株叶片上病斑初呈水浸状，后扩大为近圆形或椭圆形大斑，发生在叶片边缘的多为半圆形。病斑直径1 ~ 4厘米，多至2 ~ 3厘米，边缘灰绿色，中部污褐色。由于浸润性地向周围扩展，常形成数层不甚明显的轮纹。病菌的分生孢子座由气孔外露，形成大量分生孢子，致使病斑覆生砖红色霉状物。潮湿时病斑边缘具白色菌丝薄层，迎着阳光观察尤为明显。有时病斑上还生出微细的黑色粒点，即病菌的子囊壳。子囊壳埋生于叶片表皮下，只孔口由气孔外露，排列成行。后期多数病叶枯死。有时病苗基部叶片上也产生大小不同的褐色纺锤形或椭圆形病斑。

（4）**穗腐** 多数病穗仅个别或少数小穗发病，颖壳上生黑褐色水渍状斑块，上生红色霉状物，小穗轴褐变腐烂。少数病穗穗颈或穗轴变褐腐烂，穗全部或局部变黄枯死。病粒皱缩变褐色，表面常有污白色菌丝层。

发生特点

病害类型	真菌性病害
病　原	雪腐小座菌 [*Microdochium nivale* (Fr.) Samuels et I. C. Hallett]，属子囊菌无性型微座孢属。病原菌的有性型为雪腐小画线壳（*Monographella nivalis*），属子囊菌门小画线壳属。该病原菌还可引起麦类红色雪腐病，分布在北欧、北美及日本北海道和我国新疆北部，侵害积雪覆盖下的幼苗。红色雪腐病和雪霉叶枯病是同一种病原菌因生态条件和小麦生育阶段不同而引起的两种病害
越冬、越夏场所	病原菌以孢子或菌丝潜藏于种子、土壤和病残体越冬、越夏
传播途径	随气流和雨水传播
发病原因	潮湿多雨和比较冷凉的生态环境适于小麦雪霉叶枯病流行，品种抗性低，早播、田间密度大亦有利于其发生

防治适期 提前预防是关键，可用种衣剂拌种减少种子带菌量，在小麦生长后期发生该病的地区，采用叶面喷雾防治。

防治措施 在流行区应以药剂防治和栽培控制为主进行小麦雪霉叶枯病的控制，尽量选用抗（耐）病品种；无病区需避免使用带菌种子。在混合发生小麦赤霉病和小麦雪霉叶枯病的地区，应以防治小麦赤霉病为主兼治小麦雪霉叶枯病。

（1）**选用无病种子** 小麦雪霉叶枯病是种子传播的病害，不少地区都是育种单位和良种繁育场最先发病。因而必须搞好种子田的病害检查和防治，进行无病选种、留种。自病区引种时应特别注意，必要时应进行种子检验。

（2）**选用病轻、耐病品种** 目前还没有免疫或高抗的栽培品种，但品种间发病情况仍有明显差异。应尽量选用病轻、耐病品种。据陕西省农业科学院植物保护研究所鉴定，72（4）1-3（陕西长武县）、696091 [山东农学院（现山东农业大学）]、68（1）13-32（西安市农业科学研究所）、晋农59、川农406、科冬81、778（云南）、台中31、永革1号、Sania（法国）、Sabre（澳大利亚）等材料抗病性较好，可用于抗病育种。

（3）**栽培措施** 应深翻灭茬，改撒播为条播或沟播，适时播种。提倡合理密植，种植分蘖性强的矮秆品种时尤应减少播量。要增施基肥，氮、磷搭配，施足种肥，控制追肥。春季追肥应适当提早，切忌施用氮肥过多、过晚。重病地区可冬灌不春灌（干旱年份除外），结合冬灌把化肥一次施下，早春耙耱保墒。若进行春灌，应根据墒情、降水和小麦生育状况，适时适量地灌水，避免连续灌水和大水漫灌。另外，还要平整土地，兴修排水渠，排灌结合，综合治理灌区低洼积水农田。

（4）**药剂防治** 在冬季有积雪区，小麦雪霉叶枯病在苗期发生造成苗基腐等，建议采用种衣剂拌种进行预防。例如，新疆、西藏、青海、宁夏等有积雪覆盖、苗期病害严重的地区，适宜的种衣剂有2.5%咯菌腈悬浮种衣剂、20%萎锈灵悬浮种衣剂等。在小麦生长后期发生该病的地区，建议采用叶面喷雾防治，25%三唑酮可湿性粉剂、12.5%烯唑醇可湿性粉剂、25%多菌灵可湿性粉剂按药物说明稀释后适时施用等对小麦雪霉叶枯病的防治效果都很好，兼具保护作用和治疗作用。

小麦白秆病

田间症状 小麦白秆病的典型症状是在小麦受害的叶、叶鞘、茎秆上产生黄褐色条斑。小麦拔节或孕穗期开始，条斑从基部叶片逐渐向上部叶片发展，至扬花灌浆期，蔓延到茎秆和穗轴。同一植株的所有分蘖往往都表现症状（图19）。

田间常见有系统性条斑和局部斑点两种症状。

系统性条斑即叶片基部产生与叶脉平行向叶尖扩展的水渍状条斑，初为暗褐色，后变淡黄色。边缘色深，黄褐色至褐色，每个叶片上常生2～3个宽为3～4毫米的条斑。条斑愈合，随即导致叶片干枯。叶鞘染病后病斑与叶斑相似，但常产生不规则的大条斑，条斑从茎节起扩展至叶片基部，轻时出现1～2个条斑，宽2～5毫米，灰褐色至黄褐色，有时深褐色，边缘色较深，严重时叶鞘枯黄，但中间仍能看出原有斑边缘的深色条痕。茎秆上的条斑多发生在穗颈节，少数发生在穗颈节以下1～2节，症状与叶鞘上的相似，一般有宽2～4毫米的条斑1～3条。叶鞘包被的茎秆部的条斑呈灰色或灰白色。穗颈节上的条斑可延伸至穗轴，但穗轴的节和多数茎秆的节一样，不表现症状。抽穗后，病株基部叶片和叶鞘变成灰褐色而凋枯。

图19　小麦白秆病的田间为害状
（李新苗）

局部斑点即叶片上产生圆形至椭圆形草黄色病斑，四周褐色，后期叶鞘上产生长方形角斑，中间灰白色，四周褐色，茎秆上也可产生褐色斑点。

病害发生轻时，穗部初期尚能保持绿色，但以后由于植株下部病害的影响，逐渐变黄干枯，最终导致种子不饱满；病害发生重时，穗花而不实，变灰褐色干枯，麦芒干枯弯曲。

发生特点

病害类型	真菌性病害
病　原	小麦壳月孢（*Selenophoma tritici*），属子囊菌无性型壳月孢属
越冬、越夏场所	病菌以菌丝体或分生孢子器在种子和病残体上越冬或越夏
传播途径	通过种子、土壤和病残体传播
发病原因	田间带菌量高、种子抗性低，小麦拔节后低温多雨发病重

（Agrios，2005）

防治适期 做好种子检疫，不从病区引种，防止病害扩展蔓延。加强栽培管理，播前用三唑酮处理种子，麦收后清除病残体。

防治措施

（1）**选用抗病良种和无病种子**　建立无病留种田，品种抗病性鉴定以在开花至灌浆阶段进行为宜。选用经当地种植检验的抗性好的品种。

（2）**实行轮作**　对病残体多的或靠近打麦场的麦田，要实行轮作，以减少菌源，降低发病率。

（3）**种子处理**　用25%三唑酮可湿性粉剂20克拌10千克麦种，可兼防小麦根腐病和大麦云纹病、条纹病。或者用40%拌种双粉剂5～10克拌10千克种子、25%多菌灵可湿性粉剂20克拌10千克种子，拌后闷种20天或用28～32℃冷水预浸4小时后，置入52～53℃温水中浸7～10分钟，也可用54℃温水浸5分钟。浸种时要不断搅拌种子，浸后迅速移入冷水中降温，晾干后播种。

（4）**药剂防治**　田间施药。田间出现病株后，可喷洒50%甲基硫菌灵可湿性粉剂800倍液或50%苯菌灵可湿性粉剂1 500倍液。

小麦霜霉病

田间症状 小麦霜霉病的典型症状是植株黄化萎缩，分蘖增多。叶片变厚变硬，花序增生呈叶状。春小麦的症状与冬小麦相同，但在小麦不同生育期和不同条件下其症状表现有所不同。苗期病株叶色淡绿并有轻微条纹状花叶；拔节后，病株显著矮化，叶色淡绿并有较明显的黄色条纹或斑纹，病叶稍有增厚，重病株常在抽穗前死亡或不抽穗；穗期症状的特点是形成各种“疯顶症”，具体为病株剑叶特别宽、长、厚，叶面发皱并弯曲下垂，穗茎屈曲或呈弓状，穗形大或小，花而不实，有时基部小穗轴长，呈分枝穗状，下部小穗的颖壳长成绿色小叶片。据报道，该病害在甘肃河西地区于小麦扬花期前后，在叶、叶鞘等部位可大量形成灰白色霉层即病原菌的孢子囊（图20）。

10

小麦霜霉病

图20 小麦霜霉病的田间为害状

A.大田受害状，发病早期，成片病株矮化发黄，不抽穗 B.发病早期，成行小麦中病健株对比 C.发病后期麦穗畸形 D.病株矮化，株高不及健株1/2 E.病株严重矮化 F.病株叶片扭曲 G.病株叶片退绿，现黄白相间条形花纹 H.病株心叶严重扭曲 I.病株心叶扭曲，穗不能正常抽出 J.病株穗茎、穗弯曲或呈畸形龙头拐状

在同等肥力条件下病株茎秆常较健株粗壮。病株茎秆表面覆有较厚的白霜状蜡质层。病穗黄熟延迟，在健穗黄熟后仍保持绿色。在较贫瘠的土壤中，病株表现细弱矮小，穗头小如烟蒂，也有龙头状扭曲现象。

在田间诊断时应注意与病毒病害相区别。容易与病毒病相混的是植株矮化、叶片褪绿并有条纹花叶等症状特点。但小麦霜霉病的龙头状畸形穗以及叶片宽、长、厚、卷、扭、皱等特点，在麦类病毒病中是少见的。

发生特点

病害类型	真菌性病害
病　原	大孢指疫霉[*Sclerophthora macrospora*（Sacc.）Thirum., Shaw et Naras.]，属于卵菌门指疫霉属
越冬、越夏场所	病原菌以卵孢子随病残组织在土壤内越夏
传播途径	苗期侵染通过土壤、雨水或灌溉水进行传播
发病原因	整地质量差，耕作粗放，春季气温偏低，地势低洼、稻麦轮作田易发病

（Agrios，2005）

防治适期 提前预防是关键，发现少量病苗时，应拔除病株，及时施药，施药时应注意喷洒幼苗嫩茎和发病中心附近的病土。

防治措施

（1）**实行轮作** 发病重的地区或田块应与非禾谷类作物进行一年以上轮作。

（2）**健全排灌系统** 严禁大水漫灌，雨后及时排水防止湿气滞留，注意提高耕作质量特别是整地和播种质量。增加土壤的排水和通气性，促进麦株的迅速生长，并注意清除田间杂草。病害发生后，要及早拔除并销毁病株。

（3）**加强苗床管理** 选择避风向阳高燥的地块做苗床，既有利于排水、调节床土温度，又有利于采光、提高地温。苗床或棚室湿度不宜过高。

（4）**药剂防治** 一般采取药剂拌种，在播前每50千克小麦种子用25%甲霜灵可湿性粉剂100 ~ 150克（有效成分为25 ~ 37.5克）加水3千克拌种，晾干后播种。必要时在播种后出苗前喷洒0.1%硫酸铜溶液或58%甲霜 · 锰锌可湿性粉剂800 ~ 1 000倍液、72%霜脲 · 锰锌可湿性粉剂600 ~ 700倍液、69%烯酰 · 锰锌可湿性粉剂900 ~ 1 000倍液、72.2%霜霉威盐酸盐水剂800倍液，均能达到良好的防治效果。

小麦黄矮病

田间症状 小麦黄矮病的症状因寄主种类、品种、生育期及环境条件的差异而不同。小麦苗期感病植株生长缓慢，分蘖减少，扎根浅，易拔起。病叶自叶尖褪绿变黄，叶片厚硬。病株越冬期间易冻死，未冻死的返青拔节后新生叶片继续发病。植株严重矮化，不抽穗或抽穗很小。拔节孕穗期感病的植株稍矮，根系发育不良。典型症状是新叶从叶尖开始发黄，随后出现与叶脉平行但不受叶脉限制的黄绿相间条纹，沿叶缘向叶茎部扩展蔓延，黄化部分占全叶的1/3 ~ 1/2，病叶质地光滑，后期逐渐黄枯，而下部叶片仍为绿色。植株能抽穗，但籽粒秕瘦。穗期感病一般仅旗叶发黄，呈鲜黄色，植株矮化不明显，能抽穗，千粒重降低（图21）。

图21 小麦黄矮病的田间为害状
A—B. 田间大面积发生 C. 苗期发病症状 D. 穗期症状

发生特点

病害类型	病毒性病害
病　原	大麦黄矮病毒（*Barley yellow dwarf virus*，BYDV），属黄症病毒科黄症病毒属
越冬、越夏场所	冬麦区：麦蚜以有翅成蚜、无翅成（若）蚜在麦苗基部越冬，有些地区也产卵越冬。 冬春麦混作区，麦蚜在晚熟春麦、糜子和自生麦苗上越夏。冬小麦出苗后，麦蚜又迁回麦田，在冬小麦上产卵越冬，大麦黄矮病毒也随之传到冬小麦麦苗上，并在小麦根部和分蘖节里越冬
传播途径	小麦黄矮病靠不同种类麦蚜的辗转扩散传播而发病，周年侵染循环是随着介体麦蚜的生活史循环而完成的
发病条件	冬前高温干旱
发病原因	蚜虫带毒率高，早播、麦田管理粗放，气候条件适宜

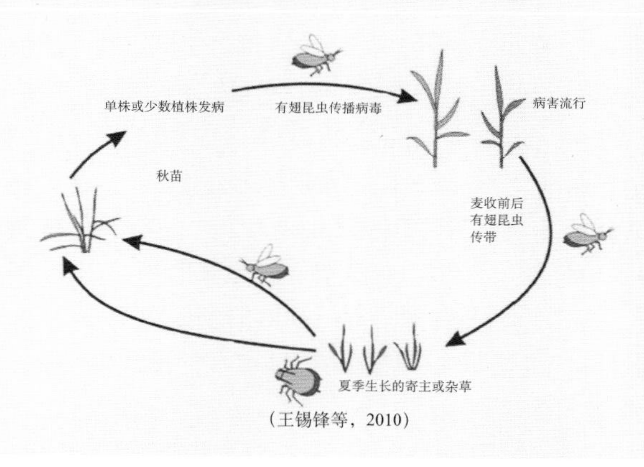

（王锡锋等，2010）

防治适期 提前预防是关键，发现少量病苗时，应拔除病株，及时施药，施药时应注意喷洒幼苗嫩茎和发病中心附近的病土。

防治措施 小麦黄矮病的控制措施以鉴定、选育抗（耐）病丰产良种为主，从治蚜防病入手，改进栽培技术，以达到防病增产的目的。

（1）**鉴定、选育抗（耐）病丰产良种** 从各地对小麦抗（耐）病多年鉴定的结果看出，普通小麦种内不存在抗大麦黄矮病毒的抗病基因，但一般一些农家品种大多有较好的抗（耐）病性，可因地制宜地选择或选育抗（耐）病品种。我国已先后鉴定出中4、中5、中7、忻4079、陇远45、陇远46、远中1001等异源八倍体抗源材料和球茎大麦等高抗大麦黄矮病毒的材料。并培育出了异附加系材料B0723等，易位新品系（$2n$=42）B021-5、B003-9、B063-2和B068-2等抗源材料。近年来各地相继育成晋麦73、临抗11、张春19、张春20和晋麦88等表现中抗或高抗的品种，可在我国西北和华北小麦黄矮病流行区推广利用。

（2）**防治蚜虫** 小麦蚜虫是大麦黄矮病毒的唯一传播介体。因此，在准确测报的基础上防治蚜虫，能够控制小麦黄矮病的流行和为害。

①种子处理。冬小麦的早播麦地，在播种前用药剂拌麦种和处理土壤可防治麦蚜并可兼治地下害虫。用50%辛硫磷乳油按种子量的0.2%拌种，也可用48%毒死蜱乳油按种子重量的0.3%拌种，拌后堆闷4 ～ 6小时便可播种。小麦黄矮病重发区要土壤处理和药剂拌种相结合进行防治，土壤处理可以每公顷将3%辛硫磷颗粒剂30 ～ 37.5千克均匀撒施于地面，随后将其翻入土中。

② 喷药治蚜。在一般情况下，冬前可以不治蚜。但如果冬前气温较高、干旱，则必须加强田间麦蚜调查。根据各地虫情，在10月下旬至11月中旬喷一次药，以防止麦蚜在田间蔓延、扩散，减少麦蚜越冬基地。冬麦返青后到拔节期防治1 ～ 2次，就能控制麦蚜与小麦黄矮病的流行。春麦区根据虫情，在5月上中旬喷药效果较好。使用的药剂有10%吡虫啉可湿性粉剂4 000倍液、3%啶虫脒乳油2 000倍液、25%噻虫嗪水分散粒剂10 000倍液、1.8%阿维菌素乳油5 000倍液、40%乐果乳油1 000倍液、50%辛硫磷乳油1 500倍液、20%氰戊菊酯乳油1 500倍液、10%氯氰菊酯乳油1 500倍液等。

③农业措施治蚜。当麦蚜开始在冬小麦根际附近越冬时，进行冬灌、冬前镇压、返青后耙耱能有效地消灭田间残茬中和土壤表面的蚜卵，具有显著的防治效果。

（3）**农业防治** 加强栽培管理因地制宜地合理调整作物布局，及时清除田间及田边杂草。安排好茬口，冬麦区适期迟播，春麦区适当早播，合理密植，加强肥水管理，提高植株抗病力。如在种植糜子的地区，尽量压缩糜子的种植面积，可以减少麦蚜和病毒的越夏数量，起到一定的控病作用。此外，抓好肥水管理，促进小麦生长发育，增强其对病毒的抗（耐）性，可减轻小麦黄矮病为害。冷凉高寒山区冬小麦采用地膜覆盖栽培，防病效果明显。

小麦丛矮病

田间症状 小麦丛矮病的特征是染病植株上部叶片有黄绿相间条纹，分蘖显著增多，植株矮缩，形成明显的丛矮状。在河北省中南部，冬小麦播种后20天即可显症，最初症状为心叶有黄白色相间断续的虚线条，后发展为不均匀的黄绿条纹，分蘖明显增多。冬前染病植株大部分不能越冬而死亡，轻病株返青后分蘖继续增多，生长细弱，叶部仍有黄绿相间条纹，病株严重矮化，一般不能拔节和抽穗或早期枯死。部分染病晚的植株（冬前未显症）和早春感病的植株，在返青期和拔节期陆续显症，心叶有条纹，与冬前显症病株比，叶色较浓绿，茎秆稍粗壮，拔节后染病植株只有上部叶片显条纹，能抽穗，但籽粒秕瘦。孕穗期染病的植株症状不明显（图22）。

图22 小麦丛矮病的田间为害状

发生特点

病害类型	病毒性病害
病　原	北方禾谷花叶病毒（*Northern cereal mosaic virus*，NCMV），属弹状病毒科质型弹状病毒属
越冬、越夏场所	自生麦苗、谷子、狗尾草、画眉草、马唐草等是病毒的主要越夏寄主，小麦、大麦等是病毒的主要越冬寄主。带毒的越冬代若虫在麦田、杂草及其根际土缝中越冬，小麦丛矮病病毒也随之在越冬寄主和灰飞虱内度过冬季，成为翌年毒源。夏季灰飞虱世代重叠，在生长茂盛的秋作物田间杂草上或荫蔽在水沟边杂草丛中越夏
传播途径	由灰飞虱以持久性方式终生间歇传毒、且灰飞虱一旦获毒便可终生带毒、传毒至死亡
发病原因	灰飞虱带毒率高，套作、早播、管理粗放麦田，气候夏秋多雨、冬暖春寒

初春的麦田
病原越冬场所
冬末的麦田
小麦叶片上的灰飞虱若虫
越夏场所
感病的小麦
带毒的灰飞虱
带毒的灰飞虱

（王锡锋等，2010）

防治适期 提前预防是关键，发现少量病苗时应拔除病株，及时施药，施药时应注意喷洒幼苗嫩茎和发病中心附近的病土。

防治措施

（1）**农业措施** 选用抗（耐）病品种，实行小麦平作、不使用棉田和其他作物田中套种小麦等种植制度是控制小麦丛矮病流行的关键性措施。清除地边、沟边杂草，适期连片种植，避免早播，可减少苗期和地边的危害。麦田冬灌水保苗，早春压麦、耙麦和早施肥水，兼有灭虫和增产作用。

（2）**药剂防治** 用种子量0.2%的50%辛硫磷乳油拌种，防效显著。秋季出苗后喷药治虫保护，包括田边杂草也要喷洒，小麦返青盛期也要及时进行一次全田灰飞虱的防治，压低虫源。防治指标为：灰飞虱带毒率在1%～9%时18头/米^2，灰飞虱带毒率在10%～20%时9头/米^2，灰飞虱带毒率在21% ～ 30%时4.5头/米^2。可用10%吡虫啉可湿性粉剂10克加4.5%高效氯氰菊酯水乳剂30毫升兑水喷雾，间隔5 ～ 7天喷第二次。同时对飞虱、叶蝉、瑞典蝇、土蝗、蟋蟀等害虫均可起到控制作用。

小麦黄花叶病

田间症状 温度是小麦黄花叶病发展及症状表现的主要决定因素。在我国不同地区因温度不同显症时间存在差异，受害小麦嫩叶上呈现褪绿条纹或黄花叶症状，后期在老叶上出现坏死斑，叶片呈淡黄绿色到亮黄色，严重时心叶扭曲，植株矮化，分蘖减少，甚至造成小麦死亡，从远处看病田出现黄绿相间的斑块（图23）。

图23　小麦黄花叶病的田间为害状

A—B. 田间大面积发生　C. 苗期　D. 返青拔节期　E. 孕穗期

发生特点

病害类型	病毒性病害
病　原	小麦黄花叶病的病原为小麦黄花叶病毒（*Wheat yellow mosaic virus*，WYMV），属马铃薯Y病毒科大麦黄花叶病毒属
越冬、越夏场所	病毒在禾谷多黏菌休眠孢子堆内越冬、越夏，干燥的病土带毒时间可超过10年
传播途径	通过病区引种、机械化跨病区作业、栽培措施、灌溉水进行传播
发病原因	越冬土壤含菌量大、秋季降水量大，春季低温寡照，长期连作、播期偏早、品种抗病性差等

（韩成贵　提供）

防治适期 提前预防是关键，发现少量病苗时，应拔除病株，及时施药，施药时应注意喷洒幼苗嫩茎和发病中心附近的病土。

防治措施 由于禾谷多黏菌传播的小麦病毒一旦传入无病田就很难彻底根除，尽管轮作、改种非禾谷多黏菌寄主作物、休耕、推迟播期、增施有机肥、春季返青期增施氮肥、土壤处理等方法可以在一定程度上减轻病害，但是禾谷多黏菌的厚壁休眠孢子堆可以抵御外界干旱、水淹、极端温度等不良环境并在土壤中长期存活、持续传毒，化学药剂难以杀死或抑制禾谷多黏菌。因此，应用抗病品种是唯一经济有效的防病措施。

河南、山东、江苏三地对小麦黄花叶病均表现抗病的品种为8个，有长武134、西农88、尤皮2号、647-兰天23、小偃5号、香农3号（青）、陕62(9)10-4、中麦34，约占供试品种的1.17%。说明各地小麦黄花叶病毒的致病性存在较大差异，目前国内严重缺乏广谱抗小麦黄花叶病的冬小麦品种。

小麦蓝矮病

田间症状 小麦冬前一般不表现症状，多在春季返青后的拔节期才能见到明显症状。病株明显矮缩、畸形，节间越往上越矮缩，呈套叠状，造成叶片呈轮生状，基部叶片增生、变厚、呈暗绿色至绿蓝色，叶片挺直光滑，后期心叶多卷曲变黄后坏死。成株期，上部叶片形成黄色不规则的宽条带状，多不能正常拔节或抽穗，若能抽穗，则穗呈塔状退化，穗短小，向上尖削。染病重的生长停滞，显症后一个月即枯死，根毛明显减少（图24）。

图24 小麦蓝矮病毒病为害状

发生特点

病害类型	病毒性病害
病　原	小麦蓝矮病病原为小麦蓝矮植原体（Wheat blue dwarf phytoplasma），属柔膜菌纲植原体暂定属
越冬、越夏场所	病毒在越冬寄主体内越冬，也可由条沙叶蝉经卵传于后代，故部分带毒的越冬卵也可成为翌年病害的毒源
传播途径	由介体条沙叶蝉以持久方式专化性传播，汁液、土壤、种子均不传毒
发病原因	冬季气温偏高，夏季降水量充分、光照充足，播期偏早，品种抗性差

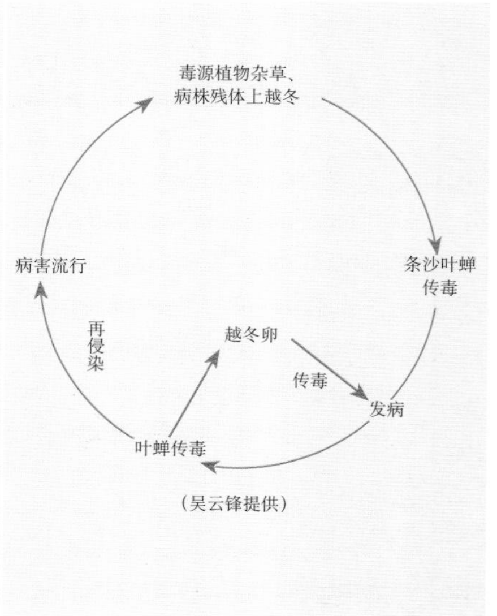

（吴云锋提供）

防治适期 小麦蓝矮病的防治必须贯彻“预防为主，综合防治”的方针，把推广种植抗病良种、防治条沙叶蝉、施用抗病毒药剂和提高改进耕作栽培技术有机结合起来。

防治措施

（1）**种植抗病品种** 因地制宜，有计划地推广种植抗病品种，目前抗小麦蓝矮病的品种有小堰52、小堰54、平凉35、榆林8号、庆选15、庆选27、庆丰1号、静宁6号、7537、昌乐5号等。应注意提纯复壮和不断选育推广新的抗病品种。

（2）**农业栽培措施** 小麦蓝矮病常发区要严禁早播，适时晚播。精耕细作，清除杂草，夏秋期间要做好茬地的伏耕灭茬和秋作物的中耕，清除杂草和自生麦苗，清除带有越冬卵的枯枝落叶，减少传病虫源。并根据条沙叶蝉的消长规律进行药剂防治。

（3）**药剂防治** 在小麦播种期，用70%吡虫啉湿拌种剂30克，兑水250 ～ 300毫升与12.5 ～ 15千克小麦种子搅拌混匀，杜绝白籽下种。冬前虫日密度如果过大，用吡虫啉+抗病毒药剂喷雾。返青—拔节期，用杀蚜药剂+抗病毒药剂按使用说明混合后喷雾。穗期开展“一喷三防”工作。

小麦胞囊线虫病

田间症状 小麦受胞囊线虫侵染后幼苗矮小，地上部萎黄，根系二叉状分枝多，膨大成团，严重受害的小麦地上部早衰，籽粒不实。越冬期麦苗表现明显的黄化，生长稀疏，严重时成片枯死；翌春小麦返青后，受害幼苗矮小，病株从下部叶片叶尖开始变黄，随后变淡黄褐色干枯，并向叶片基部和上部叶发展，使麦叶大面积黄化失绿。病苗长势弱，分蘖明显减少，生长稀疏，植株矮化，与缺肥和缺水症状相似，往往造成误诊。发病植株地下部根系许多二叉状分枝上又长出许多须根，须根再形成分叉，根短而扭曲，严重时，整个根系成须根团，严重受害的小麦地上部早衰（图25，A—E）。病株穗小，籽粒不实。抽穗至扬花灌浆期，受害根系表皮肿胀破裂，显露出白色发亮的雌虫——胞囊，此为小麦胞囊线虫病的识别特征，后期胞囊变褐色，老熟脱落（图25，F、G）。胞囊线虫为害根系不易被发现，以致误诊为缺肥干旱或其他病害。

图25 小麦胞囊线虫为害状

A.大田受害状（苗期） B.受害幼苗 C.受害小麦苗期根部形成大量根结，组结成须根团
D.病株（右）与健株（左）株高对比，病株矮化 E.根系二叉分支
F—G.根部附着的大量白色胞囊

发生特点

病害类型	线虫性病害
病　原	主要有禾谷胞囊线虫（*Heterodera avenae*）和菲利普胞囊线虫（*Heterodera filipjevi*）两种，均属于垫刃线虫目异皮线虫科胞囊线虫属
越冬、越夏场所	小麦收获后，根部的胞囊大量脱落遗留在土壤中，在土壤中越冬或越夏
传播途径	土壤是该线虫传播的主要途径，同时农机具、农事操作、人、畜、水流等的传带也可作远距离传播，特别是跨区联合收割加剧了小麦胞囊线虫病的扩散和蔓延。我国每年的暴雨冲刷也可能造成该线虫的远距离传播
发病原因	土壤越冬虫量大，土壤沙质旱薄，连作偏施钾肥田块及小麦品种抗性差的田块发病重

防治适期 提前预防是关键，土壤消毒和种子包衣处理，播种后及时镇压具有很好的防治效果。

防治措施

（1）**农业防治**

①合理施肥。适当增施有机厩肥、氮肥和磷肥可抑制小麦胞囊线虫的侵害，增施有机厩肥有利于小麦胞囊线虫的发生，但能提高小麦产量，可能与补偿作用有关。合理施用化肥的同时增施农家肥，对小麦胞囊线虫群体密度没有明显影响，但能起到壮苗健苗作用，增强植株抗逆性。

②轮作。禾谷作物与非禾谷作物轮作可以有效地抑制胞囊线虫严重为害，而在连作条件下，几年内胞囊线虫群体将极大地增加。实行小麦与豆科植物轮作，可以大大降低土壤内胞囊线虫群体数量。

③ 播种后镇压。播后镇压是防治小麦胞囊线虫病的一项轻简化技术，镇压可明显减轻胞囊线虫病害、提高产量，防治效果与施用杀线虫剂效果相当，具有很好的推广利用前景，可选择在播种机后挂镇压轮直接镇压、播后用石磙和铁磙镇压、拖拉机机械镇压等镇压方式，对于秸秆还田和旋耕地块，应适当轻压。

④种植抗（耐）病品种。在河南许昌、郑州等地区，选择太空6号、骥麦9号、豫麦49-198等抗（耐）病品种，在新乡、焦作、安阳、鹤壁等

地，选择新麦18、新麦19和濮麦9号等抗（耐）病品种；在安徽北部地区，可选择种植豫麦49-198、兰矮早8、漯麦8号、许科1号等抗（耐）病品种。重病地块应避免种植矮抗58、豫麦18、豫麦58、豫麦60、温麦19、郑麦9023等高度感病品种。

（2）**生物防治** 拟青霉属Z4菌剂、曲霉属HN132和HN214、球孢白僵菌08F04和淡紫拟青霉在大田中均对小麦胞囊线虫表现出良好的防效。拟青霉属Z4发酵液的防治效果为50%，胞囊衰退率为72.88%，对卵和二龄幼虫的寄生率分别为27.3%和32.8%，10倍稀释液对小麦胞囊线虫的致死率均在82.4%以上；HN132、HN214稀释4倍的发酵液处理禾谷胞囊线虫后，死亡率达96%以上；HN132菌株16倍稀释液处理后，胞囊减退率可达50%，8倍稀释液处理后胞囊减退率达64.1%；球孢白僵菌08F04在田间具有比较稳定的效果，处理后田间胞囊衰退率为44.50% ~ 58.49%，小麦增产3.39% ~ 6.94%。防治小麦胞囊线虫的新产品淡紫拟青霉颗粒菌剂，100千克/公顷处理的防效最好，在小麦苗期和小麦生长后期（抽穗至扬花期）的防效分别为57.25%和40.22%，在小麦收获后，土壤中的胞囊数量比对照减少59.82%。植物源制剂TS颗粒剂对小麦胞囊线虫有明显抑制作用，卵抑制率可达41.41%，且对小麦有增产作用，最高增产率达14.6%。

（3）**药剂处理种子** 播种前用甘农种衣剂Ⅰ号、甘农种衣剂Ⅱ号、甘农种衣剂Ⅲ号、阿维菌素种衣剂AV1、阿维菌素种衣剂AV2和5.7%甲氨基阿维菌素苯甲酸盐等6种种衣剂对种子进行拌种处理，不同种衣剂处理种子对土壤中胞囊线虫的繁殖均有一定抑制作用。甘农种衣剂Ⅲ号（1∶35）、甘农种衣剂Ⅰ号（1∶50）和甘农种衣剂Ⅱ号（1∶35）处理后平均胞囊减退率分别为56%、53%和47%，增产率分别为37.6%、19.4%和17.9%。用新型线虫种衣剂处理种子，不仅对小麦胞囊线虫病具有较好的防效，而且具有安全、低毒、省工、经济的特点，不失为农业生产实践中一种简便和实用的方法。

在禾谷胞囊线虫发生程度中等的田块，应用24%杀线威水剂600倍液，在小麦返青期作叶面喷雾使用，能收到较好的效果。用10%灭线磷颗粒剂或5%涕灭威颗粒剂等进行土壤处理防治小麦胞囊线虫病，防效可达40% ~ 64%，但这些药剂毒性大，且成本高。

小麦粒线虫病

田间症状 小麦从苗期至成熟期均可感染粒线虫病并表现症状，而以成株期、穗期麦穗上形成虫瘿症状最为明显（图26）。

苗期：受害幼苗叶片褶皱而卷缩，叶色微黄而肥嫩，叶尖常裹在叶鞘内，新叶有时畸形生长，重病株萎缩枯死。但感病植株苗期不一定都出现症状。

成株期：植株进入分蘖期后症状较明显，表现为分蘖数增多，叶鞘松而肥厚，叶面皱缩，向中肋卷折。叶尖常被裹在叶鞘内，因而有卷曲现象。抽出的新叶被卷曲的老叶阻挡，以致叶片卷曲成团。

拔节抽穗后：叶鞘松弛，节间肥肿，节上屈曲，新叶折合捻缩，畸形。在叶片上偶见微小的圆形突起的虫瘿或褐色斑点，病株矮粗，茎秆肥大，节间缩短，继而全叶变褐枯死，破裂成褴褛状，发病严重时，病株不能抽穗，能抽出的穗不结实，病穗比健穗短，色泽深绿，颖壳向外开张，露出瘿粒。

穗期：受害病株抽穗不正常。典型的病穗颖片张开，凌乱，穗较短小，颜色深绿，转黄色较晚。病穗的全部或部分籽粒变为虫瘿，虫瘿最初青绿色，以后变为紫褐色，外壁增厚，比麦粒短而圆，坚硬而不易被捏碎。虫瘿一般单个散生，有时2个、3个甚至4～5个聚生成团，一般虫瘿只有健全麦粒的一半大，切开虫瘿，内含白色絮状物，即病原线虫的休眠幼虫。

小麦粒线虫虫瘿很像小麦腥黑穗病病菌的菌瘿，只是菌瘿较小，易碎。内含黑色粉末。小麦脱粒后，混在麦粒中的虫瘿也很容易与杂草种子和麦角病菌的菌核相混淆。在水中压碎或破裂后，虫瘿内有千万条幼虫逸出。

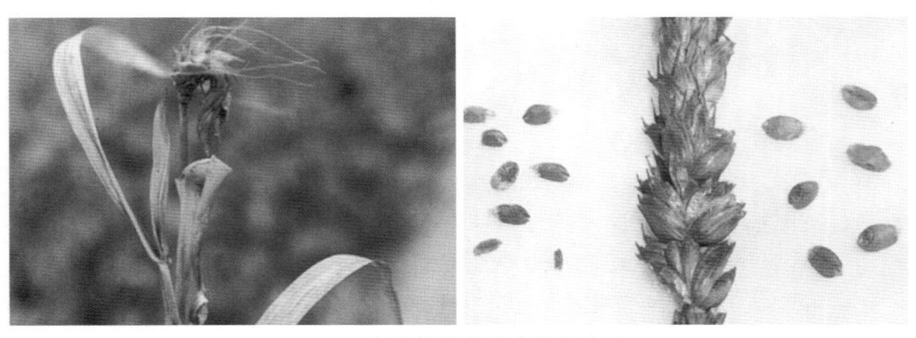

图26　小麦粒线虫病病穗和虫瘿

发生特点

病害类型	线虫性病害
病　原	小麦粒线虫（*Anguina tritici*），属于垫刃目粒线虫科
越冬、越夏场所	以二龄幼虫在虫瘿内或者秋季侵染的植株内越冬、越夏，在干燥情况下，休眠的二龄幼虫在虫瘿内可存活30年之久
传播途径	以混在种子中的虫瘿进行远、近距离传播
发病条件	低温高湿
发病原因	种子中混杂的虫瘿量高，连作重茬地，土壤沙质、播期偏晚，小麦秋播后降水量充足、土壤潮湿，后期土壤湿度低发病重

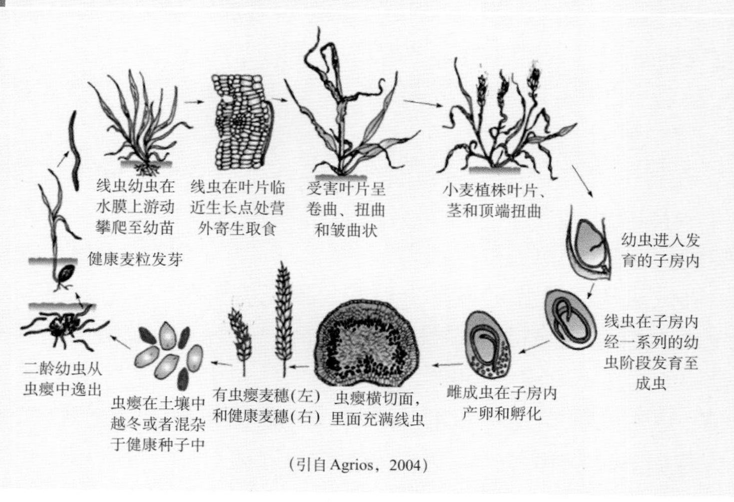

（引自Agrios，2004）

防治适期 种子检疫是防治小麦粒线虫病的关键措施，引种或调种时必须加强种子检疫检验，防止带有虫瘿的种子远距离传播。一旦发现引入带有虫瘿的种子，必须进行严格的种子处理方可使用。

防治措施

（1）**建立无病留种田** 建立无病留种田是获得健壮饱满种子的最根本措施，选用无病种子田，种植可靠无病种子，留种田除了加强栽培管理外，还应杜绝由粪、肥、水传播小麦粒线虫。

（2）**防止土壤、粪肥传染**

① 轮作。发病重的地片应轮作三年以上，并清除其他所有寄主，防止病株、病土、肥和水流传带。

② 防止虫瘿混入粪肥传病。所有汰除出来的虫瘿一定要及时杀灭处理（销毁或煮熟），防止混入粪肥传染。生吃混有虫瘿的麦粒或虫瘿的家畜粪便要经腐熟（高温发酵），才能用作肥料施用。

（3）**汰除麦种中的虫瘿**　根据虫瘿比麦粒小而轻、短而阔圆的特点，采取液体漂选和机械汰除等方法将其分出清除。

① 清水选。操作动作要快，麦种一倒入清水就要迅速搅动多次，每次搅动的时间要短，虫瘿一上浮就立即捞出，以免其吸水下沉，操作得当时可清除95%以上虫瘿。因麦种在浸渍10分钟后即有0.13%下沉，浸渍越久，下沉的越多，所以要争取整个操作过程在10分钟之内完成。

② 泥水或盐水选。用30% ～ 40%泥水（放入新鲜鸡蛋可浮出水面2.4厘米直径的圆面）或20%食盐水漂除，漂除方法同上，此法不仅能汰除绝大部分甚至全部虫瘿，而且可淘汰一部分劣质种子。用盐水选过的种子要用清水漂洗净，以防盐害。

③ 硫酸铵液选。用26%硫酸铵水溶液可有效地汰除虫瘿，且随即播种的可不必再用水洗净。但如需接着用石灰水浸种或进行其他药物处理的，则要立即洗净。

④机械汰选。最好用根据麦粒和虫瘿二者形状、大小的不同而设计的小麦粒成虫虫瘿汰除机，一般可汰除95% ～ 99%的虫瘿。一架铁制的汰除机每小时可处理250 ～ 500千克种子，在发病集中地区更为适用。

（4）**热水处理和化学药剂处理种子**　播前对种子进行处理。将种子放入54℃温水中浸泡10分钟，可以杀死轻度受害种子中的幼虫。用40%甲基异柳磷乳油1 000 ～ 1 200倍液浸种2 ～ 4小时杀虫效果可达92% ～ 100%。甲基异柳磷也可以用于拌种，方法是称取种子重量0.2%的40%甲基异柳磷乳油和5% ～ 7%的水混好拌种，然后加覆盖物保湿4小时。或用1.8%阿维菌素乳油按种子量的0.2%拌种，也可在播种前撒施15%涕灭威颗粒剂或10%克线磷颗粒剂4千克后翻耕。

小麦黑颖病

田间症状　小麦黑颖病主要侵害小麦叶片，严重时也可侵害叶鞘、茎秆、颖片和籽粒。穗部染病，穗上病部为褐色至黑色条斑，多个病斑融合后颖片变黑发亮。颖片染病，引起种子感染，导致种子皱缩或不饱满，发病轻的种子颜色变深。穗轴、茎秆染病，产生黑褐色长条状斑。叶片染病，初现针尖大小的深绿色小斑点，渐沿叶脉向上、下扩展为半透明水渍状条斑，后变深褐色。湿度大时，以上病部均产生黄色菌脓（图27）。

图27 小麦黑颖病为害状

发生特点

病害类型	细菌性病害
病 原	半透明黄单胞菌半透明致病变种（*Xanthomonas translucens* pv. *translucens*），属黄单胞菌属
越冬、越夏场所	病原细菌主要在种子内越冬或越夏，也能在田间病残组织内存活并传病，病菌在储藏的小麦种子上可存活三年以上
传播途径	种子带菌是主要的传播方式，小麦生长季病斑上产生的菌脓含有大量病原细菌，借风雨或昆虫及接触传播
发病原因	田间菌源量高，偏施氮肥，田间郁闭，高温高湿，品种抗性差等

病菌沿导管向上蔓延到达小麦穗部，产生病斑
病菌借风雨、昆虫及接触传播，从气孔或伤口进行多次再侵染
麦收后，病菌在种子或病残体上越冬或越夏
秋季或翌春，种子萌发，病菌从种子进入导管

（李斌绘）

防治适期 小麦黑颖病防治应采取以农业防治为基础，进行种子处理、选用抗病品种和关键时期进行药剂保护的综合防治策略。

防治措施

（1）**科学选种** 建立无病留种田确保种子不带菌，选用抗病品种。

（2）**种子处理** 采用变温浸种法，将种子在28 ～ 32℃水中浸4小时，再在53℃水中浸7分钟；也可用15%噻枯唑胶悬剂3 000毫克/千克浸种12小时。

（3）**适时播种** 冬麦不宜播种过早；春麦要种植生长期适中或偏长的品种，采用配方施肥技术。

（4）**药剂防治** 发病初期开始施药，每公顷用25%噻枯唑可湿性粉剂1 500 ～ 2 250克兑水750 ～ 900升喷雾2 ～ 3次，或用90%新植霉素可湿性粉剂4 000倍液效果也很好。

PART 2

虫　害

小麦蚜虫

分类地位 小麦蚜虫隶属于半翅目蚜科，世界上为害麦类作物的蚜虫多达30余种，在我国主要有麦长管蚜[*Sitobion avenae*（Fabricius）]、禾谷缢管蚜（*Rhopalosiphum padi* Linnaeus）、麦无网长管蚜[*Metopolophium dirhodum*（Walker）]和麦二叉蚜[*Schizaphis graminum*（Rondani）]4种。

为害特点 主要以成蚜、若蚜吸食小麦叶、茎、嫩穗的汁液，并排泄蜜露。被害处呈浅黄色斑点，严重时叶片发黄，甚至整株枯死（图28）。

图28　小麦蚜虫田间为害状

形态特征 小麦蚜虫有多型现象，一般全周期蚜虫有5 ~ 6型，即干母、干雌、有翅与无翅孤雌胎生雌蚜、雌性蚜和雄性蚜。干母、无翅孤雌胎生雌蚜和雌性蚜外部形态基本相同，只是雌性蚜在腹部末端可看到产卵管。雄性蚜和有翅孤雌胎生雌蚜亦相似，除具性器官外，一般个体稍小。卵为长卵形，长为宽的1倍，约1毫米。刚产出的卵淡黄色，以后颜色逐渐加深，5天左右即呈黑色。

麦长管蚜：有翅孤雌蚜体长3.0毫米，椭圆形，绿色，触角黑色，喙不达中足基节，前翅中脉三叉，分叉大（图29-A）。无翅孤雌蚜体长3.1毫米，宽1.4毫米，长卵形，草绿色至橙红色，头部略显灰色，腹侧具灰绿色斑，腹部第六至八节及腹面具横网纹，喙粗大，超过中足基节，触角全长不及体长（图29-B和图29-C）。

麦长管蚜

禾谷缢管蚜：有翅孤雌蚜体长2.1毫米，长卵形，头、胸黑色，腹部深绿色，前翅中脉三叉（图29-D）。无翅孤雌蚜体长1.9毫米，宽卵形，暗绿色，体末端红褐色，复眼黑色，触角长超过体长之半（图29-E和图29-F）。

麦无网长管蚜：有翅孤雌蚜，前翅中脉三叉（图29-G）。无翅孤雌蚜体长2.0 ~ 2.4毫米，长椭圆形，淡绿色，背部有绿色或褐色纵带。复眼紫色，触角6节，长超过体长之半（图29-H和图29-I）。

麦二叉蚜：有翅孤雌蚜体长1.5毫米，长卵形，绿色，背中线深绿色，头、胸黑色，腹部色浅，触角全长超过体之半，前翅中脉二叉状（图29-J）。无翅孤雌蚜体长2.0毫米，卵圆形，淡绿色或黄绿色，有深绿色背中线，腹管浅绿色，顶端黑色。中胸腹岔具短柄，喙超过中足基节（图29-K和图29-L）。

麦二叉蚜

发生特点

发生代数	4种常见麦蚜在温暖地区可全年行孤雌生殖，不发生性蚜世代，表现为不全周期型；在北方寒冷地区，有孤雌世代和两性世代交替，则表现为全周期型。年发生代数因地而异，一般可发生18 ~ 30代
越冬方式	麦长管蚜和麦二叉蚜以成蚜、若蚜或以卵在冬麦田的麦苗和禾本科杂草基部或土缝中越冬；禾谷缢管蚜在李、桃等木本植物上产生雌、雄两性蚜交尾产卵，以卵在北方越冬；麦无网长管蚜在蔷薇属植物上产生性蚜，交配产卵越冬。后两种蚜虫在南方地区则以胎生雌蚜的成虫、若虫越冬

发生规律	麦长管蚜和麦二叉蚜：终年在禾本科植物上繁殖生活。春天回暖后，越冬卵孵化成干母，干母产生有翅和无翅孤雌蚜后代。越冬成蚜、若蚜则直接恢复为害和繁殖。当小麦进入拔节至孕穗期，麦二叉蚜繁殖达到高峰期。小麦灌浆乳熟期是麦长管蚜繁殖高峰期。小麦蜡熟期，大量产生有翅蚜，陆续飞离麦田，迁至其他禾本科植物上继续为害和繁殖，并在其上或自生麦苗上越夏。秋播麦苗出土后，大部分麦蚜又开始迁回冬麦苗上为害。 禾谷缢管蚜和麦无网长管蚜：春、夏季均在禾本科植物上生活和以孤雌胎生方式进行繁殖，小麦灌浆期是全年繁殖高峰期。两种蚜虫的越冬卵春季孵化为干母，干母产生侨迁蚜，由原寄主转移到麦类作物或禾本科等杂草上生存和繁殖
生活习性	麦长管蚜：喜光照，较耐氮素肥料和潮湿，多分布在植株上部，叶片正面，特嗜穗部，成蚜、若蚜均易受震动而坠落逃散。 麦二叉蚜：喜干旱，怕光照，不喜施氮素肥料多的植株，多分布在植株下部和叶片背面，成蚜、若蚜受震动时具假死现象而坠落。 禾谷缢管蚜：喜温畏光，喜施氮素肥料多和植株密集的高肥田，是最耐高温、高湿的种类，嗜食茎秆、叶鞘，多分布于植株下部的叶鞘、叶背，密度大时亦上穗，其成蚜、若蚜较不易受惊动。 麦无网长管蚜：嗜食性介于麦长管蚜和麦二叉蚜之间，以为害叶片为主，常分布于植株中、下部。成蚜、若蚜易受震动而坠落

防治适期 防治麦蚜要以农业防治为基础，关键时期采用化学防治。小麦播种越早，蚜量越大，因此在小麦黄矮病流行区的秋苗期，对于秋分前后播种的麦田，应采取药剂拌种或早期喷药治蚜防病；对于非小麦黄矮病流行区以及寒露以后播种的麦田一般不治。小麦抽穗后，以防治麦长管蚜为主，防治适期应为蚜虫发生初盛期。

防治措施

（1）**农业防治** 加强栽培管理，清除田间杂草与自生麦苗，可减少麦蚜的适生地和越夏寄主。冬麦适当晚播，春麦适时早播，有利于减轻蚜害。

（2）**抗虫品种** 利用抗虫品种控制麦蚜发生危害是一种安全、经济、有效的措施。目前，已筛选出一些具有中等或较强抗性的品种材料，如中4无芒、小白冬麦、JP1、KOK、Li、临远207、陕167、小偃22等品种（系）对麦蚜尤其对麦长管蚜抗性较好。

（3）**生物防治** 充分保护利用天敌昆虫，如瓢虫、食蚜蝇、草蛉、蚜茧蜂等（图30），必要时可人工繁殖释放天敌控制蚜虫。当天敌与麦蚜比大于1 ： 120时，天敌控制麦蚜效果较好，不必进行化学防治。

图29　我国4种主要小麦蚜虫形态图

A. 麦长管蚜有翅蚜　B. 麦长管蚜无翅蚜为害麦穗（正常体色）
C. 麦长管蚜无翅蚜为害麦穗（红体色）　D. 禾谷缢管蚜有翅蚜　E—F. 禾谷缢管蚜无翅蚜
G. 麦无网长管蚜有翅蚜　H—I. 麦无网长管蚜有翅蚜和无翅蚜为害叶片
J. 麦二叉蚜虫有翅蚜　K—L. 麦二叉蚜虫无翅蚜

图30　小麦蚜虫的天敌昆虫

A.小麦蚜茧蜂　B.小麦蚜虫被蚜茧蜂寄后生形成僵蚜　C.食蚜蝇幼虫　D.食蚜蝇成虫　E.瓢虫幼虫　F.瓢虫若虫　G.瓢虫成虫　H.草蛉幼虫　I.草蛉成虫　J.寄生螨寄生蚜虫

（4）**物理防治** 黄板诱杀技术是利用蚜虫的趋黄性诱杀农业害虫的一种物理防治技术。在麦蚜发生初期开始使用，每667米^{2}均匀插挂225 ~ 450块黄板，高度高出小麦20 ~ 30厘米；当黄板上蚜虫面积达到板表面积的60%以上时更换；悬挂方向以板面向东西方向为宜。

（5）**生态调控** 多系品种和品种混合可增加麦田生物多样性、天敌种类和数量，抑制蚜虫数量的增长。例如，推行冬麦与大蒜、豆科作物间作。还可通过人工合成蚜虫报警激素和植物激素如茉莉酸甲酯和水杨酸甲酯等制成缓释器，在小麦田间释放，干扰麦蚜的寄主定位、抑制其取食，增强对天敌的吸引作用，可有效降低蚜虫的危害。

（6）**化学防治** 当麦蚜发生数量大，化学防治是控制蚜害的有效措施。在小麦扬花灌浆期，当以麦长管蚜为主的百株蚜量达到500头以上，以禾谷缢管蚜主的百株蚜量4 000头以上为化学防治指标。当百株蚜量达到防治指标，益害比小于1 ∶ 120，近日又无大风雨时，应及时进行药剂防治。常用药剂有：3%啶虫脒乳油每667米^2 20 ~ 30毫升，在小麦穗期蚜虫初发生期兑水喷雾；50%抗蚜威可湿性粉剂每667米^2 10 ~ 15克，可防治小麦苗期蚜虫或在穗期蚜虫始盛期兑水喷雾。也可选用植物源杀虫剂，如0.2% 苦参碱水剂每667米^2 150克、30% 增效烟碱乳油每667米^2 20克和10% 皂素烟碱1 000倍液以及抗生素类的1.8%阿维菌素乳油2 000倍液等喷雾防治麦蚜，防效均在90%以上。

小麦吸浆虫

分类地位 小麦吸浆虫主要有麦红吸浆虫[*Sitodiplosis mosellana*（Gehin）]和麦黄吸浆虫[*Contarinia tritici*（Kirby）]，属双翅目瘿蚊科。

为害特点 小麦吸浆虫以成虫和若虫刺吸麦株茎、叶和嫩穗的汁液，以幼虫潜伏在颖壳内吸食正在灌浆的汁液，造成麦粒瘪疮、空壳或霉烂而减产，具有很大的危害性（图31）。

麦黄吸浆虫

形态特征

成虫：麦红吸浆虫雌成虫体微小纤细，似蚊子，体色橙黄，全身被有细毛，体长2 ~ 2.5毫米，翅展约5毫米。头部很小，复眼黑色，触角细长，念珠状，14节。胸部很发达，腹部9节，略呈纺锤形，前翅发达，后

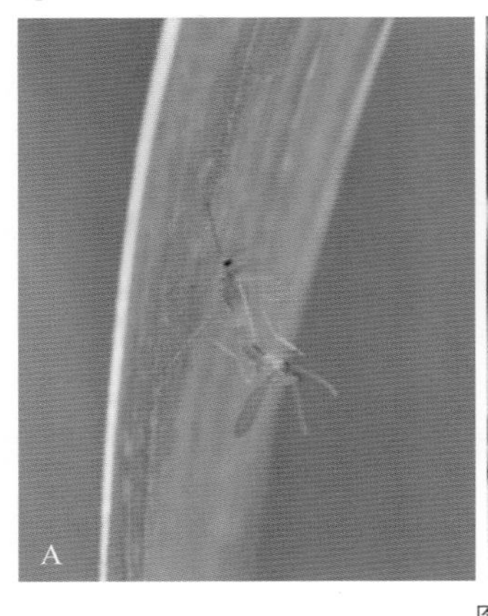

图31　小麦吸浆虫为害状

A.吸浆虫成虫刺吸麦叶　B.幼虫潜伏在颖壳内为害

翅退化成平衡棍。雄成虫体形稍小，长约2毫米，翅展约4毫米。触角远长于雌虫，念珠状，26节。腹部较雌虫为细，末端略向上弯曲，具外生殖器或交配器（图32-A和图32-B）。麦黄吸浆虫与麦红吸浆虫极相似，成虫体色为姜黄色，雌虫体长2毫米，雄虫体长1.5毫米。

卵：麦红吸浆虫卵长圆形，一端较钝，长0.09毫米，宽0.35毫米，淡红色，透明，表面光滑，肉眼不易见。卵初产出时为淡红色，快孵化时变为红色，前端较透明，幼虫活动可从壳外看见。麦黄吸浆虫卵较麦红吸浆虫小，淡黄色，香蕉形，颈部微微弯曲，末端收缩呈细长的柄。

幼虫：麦红吸浆虫老熟幼虫，体长2.5 ～ 3毫米，椭圆形，前端稍尖，腹部粗大，后端较钝，橙黄色。全身13节，无足，头小。虫体背面自第一胸节至腹末节被覆鳞片，背面和侧面还有很多疣状突起，疣的上面簇生丛毛。腹面在1 ～ 8节每节的前半部，有横列椭圆形骨片各1个，上生尖形细齿（棘）。第一胸节腹面中部有一纵贯Y形剑骨片，是幼虫分类根据之一（图32-C）。麦黄吸浆虫老熟幼虫体长2.5毫米，姜黄色，体表光滑，胸部腹面Y形剑骨片缺刻浅，是区别两种吸浆虫的重要特征。

蛹：麦红吸浆虫蛹有两种，一种是裸蛹，一种是带茧的蛹，蛹体构造一致。赤褐色，长2毫米，前端略大，头部有短的感觉毛，头的后面前胸处有一对长毛，黑褐色，为呼吸管（图32-D至图32-F）。麦黄吸浆虫蛹在长茧内，体淡黄色，腹部带浅绿色，头前端有一对感觉毛，与一对呼吸毛等长。

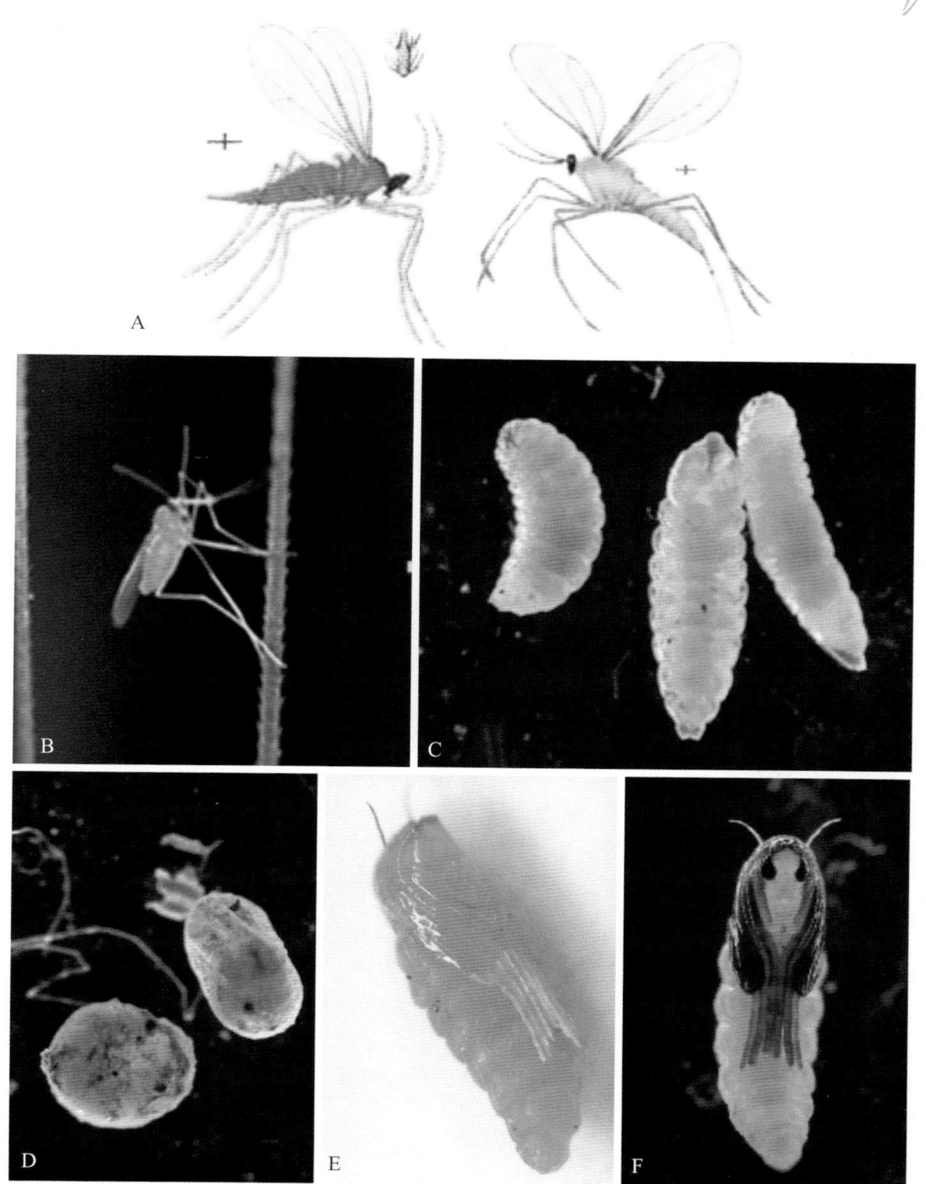

图32 麦红吸浆虫和麦黄吸浆虫形态图

A. 麦红吸浆虫（左）和麦黄吸浆虫（右）绘制图 B. 麦红吸浆虫成虫 C. 麦红吸浆虫幼虫 D. 麦红吸浆虫滞育虫茧 E. 麦红吸浆虫前蛹 F. 麦红吸浆虫后蛹

发生特点

发生代数	我国麦红吸浆虫一般是1年1代，也有多年1代（也有极少数成虫在秋季羽化）
越冬、越夏方式	麦红吸浆虫以幼虫结茧在土壤中越夏和越冬，翌年春天由土壤深处向土表移动，然后化蛹羽化。圆茧一般在10厘米的土壤深处，随温度的降低可潜入20厘米的深度越冬
发生规律	一般，小麦拔节时越冬后麦红吸浆虫幼虫开始破茧上升到土表；小麦孕穗时，幼虫开始在土表化蛹；小麦露脸抽穗，蛹开始羽化为成虫，小麦抽穗盛期，成虫盛发。成虫出土1天即进行交配，并在麦穗上产卵，卵经4 ~ 5天孵化，幼虫随即转入颖壳，附于子房或刚坐仁的麦粒上，经过15 ~ 20天发育成老熟幼虫，至小麦成熟前，幼虫爬出随雨水露滴弹入土表；初入土的幼虫大约3天后结茧在土壤中越夏和越冬
生活习性	麦红吸浆虫成虫一般在每天的早、晚羽化，刚羽化的成虫畏强光和高温，一般先在地面爬行，然后在麦叶背部阴暗处栖息，在早晨和傍晚飞行活动活跃，雄虫多在麦株下部活动，雌虫常在高于麦株10厘米处飞行。幼虫有隔年羽化甚至多年休眠的习性，最多在土中休眠12年才羽化为成虫。麦黄吸浆虫的生活习性与麦红吸浆虫相似，更喜欢生活在冷凉地区

防治适期 小麦吸浆虫在拔节到孕穗淘土每小方（10厘米 × 10厘米 × 20厘米）有虫5头时，需要进行防治。一般，在孕穗或抽穗初期，用手轻轻将麦株拨向两侧分开，有2 ~ 3头成虫在飞，或当平均捕网10次有成虫10头以上，需要进行防治。

防治措施

（1）**合理轮作** 适时早播和种植晚熟品种使抽穗期和成虫羽化高峰错开，调整作物布局、实行轮作倒茬、茬后深翻耕（20厘米以上）等可有效控制吸浆虫的发生。此外，轮作倒茬，麦田连年深翻，小麦与油菜、棉花、水稻以及其他经济作物轮作，可降低虫口数量。

（2）**抗虫品种** 高抗品种对吸浆虫种群有很强控制能力，一般芒长多刺、口紧小穗密集、扬花期短而整齐、果皮厚的品种，对吸浆虫成虫的产卵、幼虫入侵和为害均不利。因此要选用穗形紧密、内外颖毛长而密、麦粒皮厚、浆液不易外流的小麦品种。

（3）**物理防治** 在小麦生长期通过灯光诱杀和黄板诱集的方法进行监测和防治，还可通过在傍晚时田间拉网的方式进行捕捉。

（4）**药剂防治**

①化学农药穗期保护。在小麦抽穗70%（含露脸）时进行穗期保护喷药，每667米^{2}可用常用的有机磷、烟碱类、植物源杀虫剂等喷雾，于上午9：00前或下午17：00后进行。在虫口密度大的田块，抽穗70%至扬

花前喷药2次。常用杀虫剂使用方法如下：48%毒死蜱乳油、40%氧化乐果乳油、40%甲基异柳磷乳油、50%辛硫磷乳油等，稀释1 500 ～ 2 000倍液，每667米^{2}使用药液750 ～ 900千克，用常规喷雾器喷雾；5%高效氯氰菊酯乳油1 500倍液，每667米^{2}用药液750 ～ 900千克，用常规喷雾器喷匀穗部。

②蛹期防治。在蛹盛期（小麦孕穗至抽穗露脸）撒毒土防治，每667米^{2}可用48%毒死蜱乳油、40%甲基异柳磷乳油、50%辛硫磷乳油等150 ～ 300毫升兑水5千克喷拌或3%甲基异柳磷颗粒剂、3%辛硫磷颗粒剂等2 ～ 3千克，拌细土20 ～ 25千克，于露水干后在田间均匀撒施，及时用绳、扫帚或其他工具将架在麦株上的毒土敲落到土壤表面，施药后灌水或抢在降水前施药效果更好。蛹期防治可以有效地压低高密度田块的虫口密度，不足之处在于没有对麦穗进行药剂保护，飞来成虫仍将为害小麦，同时效率低下，大面积防治需要的人工成本过高。

麦蜘蛛

分类地位 我国麦蜘蛛主要有两种：麦圆蜘蛛（麦叶爪螨）[*Penthaleus major*（Duges）]，属蛛形纲蜱螨目叶爪螨科；麦长腿蜘蛛（麦岩螨）[*Petrobia latens*（Müller）]，属蛛形纲蜱螨目叶螨科。

为害特点 刺吸麦叶汁液，麦叶受害后先出现白斑，继而变黄，受害轻时麦株矮小，麦穗少而小，受害严重时不能抽穗，麦株枯干而死（图33）。

形态特征

（1）麦圆蜘蛛

麦圆蜘蛛

成螨：雌螨体卵圆形，体长0.6 ～ 0.98毫米，体宽0.43 ～ 0.65毫米。体黑褐色，疏生白色毛，体背有横刻纹8条，在第二对足基部背面左右两侧，各有一圆形小眼点。体背后部有隆起的肛门。足4对，第一对最长，第四对次之，第二、三对等长。口器、足和肛门周围红色（图34-A；图35-A、图35-C至图35-D）。

卵：椭圆形，长约0.2毫米，宽0.1 ～ 0.14毫米。初产暗红色，后变淡红色，上有五角形网纹（图34-B）。

幼螨和若螨：初孵幼螨足3对、等长，体躯、口器和足均为红褐色，

图33　麦蜘蛛田间为害状

取食后变为暗绿色。幼螨蜕皮后进入若螨期，足增为4对，体色、体形与成螨大致相似。末龄若螨体长0.51毫米，深红色，足长并向下弯曲（图34-C）。

（2）麦长腿蜘蛛

成螨：雌螨体纺锤形，黑褐色，体长0.6毫米，宽约0.45毫米。体背有不太明显的指纹状斑，背刚毛短，共13对。足4对，红或橙黄色，均细长，第一、四对足特别发达，长度超过第二、三对的2倍，中垫爪状，具2列黏毛；气门器端部囊形，多室（图34-D和图34-E；图35-B）。

卵：有两型，形状不同。越夏卵（滞育卵）呈圆柱形，橙红色，直径0.18毫米，卵壳表面覆白色蜡质，顶部盖有白色蜡质物，形似草帽状。顶端面并有放射状条纹。非越夏卵呈圆球形，红色，直径约0.15毫米，表面有纵列隆起的数10条条纹（图34-F和图34-G）。

幼螨和若螨：幼螨体圆形，长宽约0.15毫米，足3对。初孵时为鲜红色，取食后变为黑褐色。若螨期足4对，体较长（图34-H）。

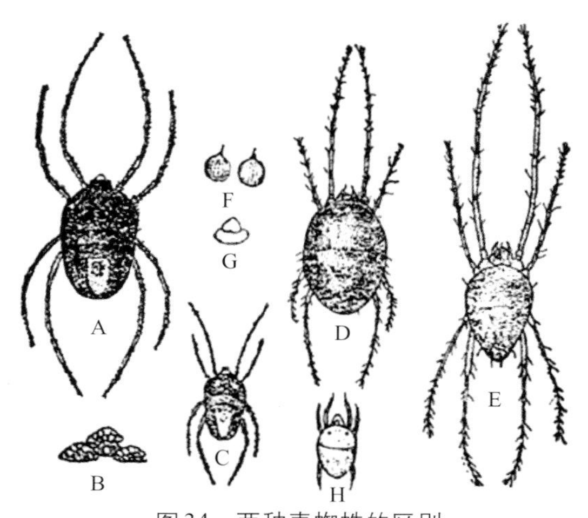

图34　两种麦蜘蛛的区别

麦圆蜘蛛：A. 成螨　B. 卵块　C. 若螨　麦长腿蜘蛛：D. 雌成螨　E. 雄成螨　F. 越夏卵　G. 非越夏卵　H. 若螨

（引自《中国农作物病虫害》）

图35　麦蜘蛛形态图

A. 麦圆蜘蛛　B. 麦长腿蜘蛛　C. 繁殖期麦圆蜘蛛　D. 越冬期麦圆蜘蛛

发生特点

发生代数	麦圆蜘蛛：在豫北、晋南、陕西关中、皖北、鄂西北等地一年2～3代，在四川雅安一年发生3代，冬季无休眠状态。 麦长腿蜘蛛：在山西北部冬麦区一年发生2代，在西藏大部分农区一年发生1～2代，新疆焉耆回族自治县3代，黄淮海地区3～4代
越冬方式	麦圆蜘蛛：以成螨、卵和若螨在麦根土缝、杂草或枯叶上越冬 麦长腿蜘蛛：以成螨、卵在麦田或石块下越冬
发生规律	麦圆蜘蛛：早春2～3月越冬卵即开始孵化，3月下旬至4月上旬虫口密度最大，4月中下旬密度下降，5月无虫存在，完成第一代。紧接着以卵在麦茬或土块上越夏，10月卵孵化，11月中旬田间密度最大，出现成螨（即第二代），并产卵，孵化变为成螨后，部分产越冬卵越冬，另一部分成螨直接越冬，此即第三代（越冬代）。四川雅安一年发生3代，各虫态各代发生期，成螨分别为11月上旬至翌年1月上旬、12月下旬至翌年3月中旬、2月中旬至4月中旬；卵分别在11月下旬至翌年1月底、1月初至3月底、3月中旬至11月上旬；幼、若螨分别在12月中旬至翌年2月底、1月下旬至4月上旬和10月下旬至11月底 麦长腿蜘蛛：在黄淮海地区，2～3月成螨开始繁殖活动，越冬卵陆续孵化，3月末至4月上中旬，完成第一代。第二代发生在4月下旬至5月上中旬，第三代发生在5月中下旬至6月上旬，这代成螨产滞育卵越夏。10月上中旬至11月上旬，越夏卵陆续孵化，在秋播麦苗上为害，发育快的成螨便产卵越冬，大部分发育为成螨后直接越冬，此为第四代。部分越夏卵也能直接越冬，这部分群体一年发生3代，故田间表现出年发生3～4代重叠现象。在西藏大部分农区越冬成螨2月中旬开始产卵，3月上旬至4月上旬为产卵盛期。非滞育卵于3月上旬开始孵化，3月中旬至4月中旬为孵化盛期，4月下旬为末期。越冬滞育卵4月上中旬为第一孵化高峰期，10月下旬为第二孵化高峰期，未孵化的翌年继续孵化，少数卵存活期达两年以上。成螨、若螨4月中旬至5月上旬在麦田出现高密度，5月中旬螨口明显减退，因两种卵的同时存在，使其世代重叠
生活习性	麦圆蜘蛛成螨、若螨有群集性和假死性，喜阴湿，怕强光，早春气温较低时可集结成团，爬行敏捷，遇惊动即纷纷坠地或很快向下爬行

防治适期 小麦返青后当麦垄单行33厘米有虫200头或每株有虫6头，即可施药防治。防治方法以挑治为主，即哪里有虫防治哪里以及重点地块重点防治，这样不但可以减少农药使用量，降低防治成本，同时可提高防治效果；小麦起身拔节期于中午喷药，小麦抽穗后气温较高，10：00以前和16：00以后喷药效果最好。

防治措施

（1）**灌水灭虫** 在麦蜘蛛潜伏期灌水，可使虫体被泥水黏于地表而死。灌水前先扫动麦株，使麦蜘蛛假死落地，随即放水，收效更好。

（2）**精细整地** 早春中耕，能杀死大量虫体。麦收后浅耕灭茬，秋收后及早深耕，因地制宜进行轮作倒茬，可有效消灭越夏卵及成螨，减

少虫源。

（3）**田间管理** 一要施足底肥，保证苗齐苗壮，增加磷、钾肥的施入量，保证后期不脱肥，增强小麦自身抗虫能力；二要及时进行田间除草，对化学除草效果不好的地块，要及时采取人工除草办法，将杂草铲除干净，以有效减轻其为害。一般田间不干旱、杂草少、小麦长势良好的麦田，麦蜘蛛发生轻。

（4）**药剂防治**

①种子处理。50%辛硫磷乳油按种子量0.2%拌种，将所需药量，加种子量10%的水稀释后，喷洒于麦种上，搅拌均匀，堆闷12小时后播种，此法可兼治麦蚜、控制黄矮病。

②药剂喷雾。在春小麦返青后，当平均每33厘米行长200头以上，上部叶片20%面积有白色斑点时，应进行药剂防治。可选用阿维菌素类农药，20%哒螨灵可湿性粉剂1 000 ~ 1 500倍液或15%哒螨灵乳油2 000 ~ 3 000倍液，也可用40%乐果乳油或50%马拉硫磷乳油2 000倍液，兑水喷雾。

③毒土。2%混灭威粉剂或2%异丙威粉剂，每667米^2 2千克，拌土25千克左右配成毒土撒施，对两种麦蜘蛛均有效。必要时用2%混灭威粉剂或1.5%乐果粉剂，每667米^2 用1.5 ~ 2.5千克喷粉，也可掺入40千克细土撒毒土。

白眉野草螟

分类地位 白眉野草螟[*Agriphila aeneociliella*（Eversmann，1844）]，属鳞翅目螟蛾总科野草螟属。

为害特点 幼虫在小麦返青期开始为害，白天吐丝结网藏于根茎处或土缝间，夜晚出来取食，咬食小麦茎基部，受害严重的麦苗被齐根咬断，致使麦苗萎蔫枯死，造成缺苗断垄（图36）。

形态特征

成虫：触角深褐色，线状，雄性具纤毛；单眼发达，具毛隆；额向前突出，覆盖黄色与白色鳞片；下颚须浅黄色，末端膨大；下唇须前伸，外侧散布褐色鳞片，内侧浅黄色，长度约为头长的3倍；喙卷曲成圆盘状，

图36　白眉野草螟田间为害状

A—B. 苗期为害状　C—D. 返青拔节期为害状　E—F. 孕穗期为害状

基部覆鳞。胸部与翅基片淡黄色。前翅长11 ～ 12毫米；前翅颜色土黄色至深黄色；前缘黄褐色，前缘下方与翅中部各具一条银白色纵带，亚前缘纵带略显纤细，有时不明显，翅中部纵带长且宽，下方边缘常具黑点；外缘具一列黑点；缘毛赭色。后翅赭色，缘毛淡赭色。腹部淡黄色。主要鉴别特征：前翅亚前缘纵带是本种区别于其他近似种的主要特征。此外，成虫刚羽化时黄色较深，后逐渐变浅，颜色深浅不能作为判别雌雄的依据（图37-A和图37-B）。

卵：卵椭圆形，长径约0.5毫米，单粒散产，初为淡黄色，有光泽，后变为酒红色，要孵化前呈暗红色。卵壳表面有纵棱贯穿两端，部分分叉（图37-C和图37-D）。

幼虫：老熟幼虫体长11毫米左右，体宽2.5毫米左右，初孵幼虫体色粉红色，随着虫龄增加逐渐变为褐色，胸部、腹部均具毛片，上面着生1～2根刚毛，毛片褐色至深褐色。头部黑褐色，额区与颊区均为黑褐色，上颚具5枚小齿，单眼6个。前胸盾片黑褐色（图37-E至图37-L）。

蛹：长9.0～11.3毫米，蛹宽2.0～2.8毫米，化蛹初期为淡黄色，后逐渐变为褐色。蛹为被蛹，纺锤形，触角从额部伸出转向左右两侧，延伸至胸腹部（图37-M）。

图37 白眉野草螟形态图

A.雄成虫 B.雌成虫 C.初产卵 D.卵后期 E.一龄幼虫 F.二龄幼虫 G.三龄幼虫 H.四龄幼虫 I.五龄幼虫 J.六龄幼虫 K.滞育土茧 L.土茧拨开后可见滞育幼虫 M.蛹

发生特点

发生代数	在我国每年发生1代
越冬方式	以低龄（二至三龄）幼虫在小麦茎基部土层越冬
发生规律	越冬幼虫于2月底至3月初开始取食为害，4月是为害的关键时期。5月上旬，田间大部分为六龄老熟幼虫，在土中结土茧滞育，9月上旬，田间夏滞育幼虫开始化蛹，9月下旬蛹陆续羽化，10月上旬为羽化高峰期，雌雄交配后第二天开始产卵。10月中下旬，卵陆续孵化，为害秋苗期小麦，12月后低龄幼虫停止取食和生长发育，以二至三龄幼虫进入越冬状态
生活习性	成虫白天躲藏在地表秸秆上或玉米茎叶上，晚上活动，具有有趋光性。老熟幼虫有夏滞育习性

防治适期 在小麦返青期，该害虫食量增大、为害加重，容易造成缺苗断垄，是防治的最佳时期。

防治措施

（1）**农业措施** 小麦及玉米收获后及时清除田间秸秆、麦糠和杂草等覆盖物，可在麦田施用秸秆腐熟剂，及早去除麦茬，减少地表覆盖物，恶化害虫生存环境。

由于该虫有夏滞育习性，老熟幼虫结土茧在地表2 ~ 3厘米处滞育，因此，可以在收割小麦，换种玉米时翻耕土地，使土茧裸露于地表，经调查验证，裸露于地表的土茧无法抵御夏季中午的极端高温，土茧内滞育幼虫大多都会死亡。

（2）**物理防治** 利用成虫的趋光性，在9月下旬至10月上旬在田间悬挂频振式杀虫灯，杀虫灯以棋盘式或闭环式分布，以诱杀成虫，减少田间落卵量。

（3）**毒土法** 小麦秋播前，用辛硫磷或毒死蜱颗粒剂进行土壤处理，可有效控制白眉野草螟发生为害。处理方法为：每公顷用5%辛硫磷颗粒剂2千克，或3%辛硫磷颗粒剂3 ~ 4千克，加细土30 ~ 40千克拌匀，开沟施或顺垄撒施，划锄覆土；或每公顷用5%毒死蜱颗粒剂0.8 ~ 2.5千克，撒施。试验调查结果表明，山东烟台莱州地区2012年受灾严重的小麦田，在秋播时进行毒土处理后，2013年受灾情况较2012年明显减轻。

（4）**灌药法** 室内毒力测定和田间药效试验结果表明，毒死蜱和辛硫磷对该虫的杀虫活性较强，田间防治效果最好，是田间化学防治该虫为害的首选药剂。由于该虫白天藏匿于小麦茎基部土缝中，夜晚爬出取食，所以推荐使用灌药法进行施药。

①随水灌药。用48%毒死蜱乳油3 ~ 3.75升/公顷，浇地时灌入田中。用药时间可以选在浇春水时期。

②喷灌麦苗。可以将喷头拧下，或用直喷头喷根茎部，药剂可选用48%毒死蜱乳油900毫升/公顷，或40%辛硫磷乳油1 050毫升/公顷，药液量要大，保证渗到小麦根围害虫藏匿的地方。用药时期可选在小麦返青期，小麦返青后，该害虫食量增大、为害加重，容易造成缺苗断垄，是进行药剂防治的关键时期。山东烟台莱州地区，3月底气温开始回升，小麦处于返青前期，此后幼虫开始增加取食量，进入为害盛期，是防治的最佳时期。

麦叶蜂

分类地位 麦叶蜂属膜翅目叶蜂科。中文别名齐头虫、小黏虫和青布袋虫。我国发生的有小麦叶蜂（*Dolerus tritici* Chu）、大麦叶蜂（*Dolerus hordei* Rohwer）、黄麦叶蜂（*Pachynematus* sp.）和浙江麦叶蜂（*D. ephippiatus* Smith）。在四种麦叶蜂中以小麦叶蜂为主。

为害特点 主要发生在淮河以北麦区，以幼虫食害小麦和大麦叶片，成刀切状缺刻，严重发生时，可将麦叶吃光（图38）。

图38 麦叶蜂田间为害状

形态特征

（1）小麦叶蜂

小麦叶蜂

成虫：雌虫体长8.6 ~ 9毫米，雄虫8 ~ 8.8毫米。虫体大部分为黑色，仅前胸背板、中胸前盾板和颈板等为赤褐色，后胸背面两侧各有一白斑。头部有网状花纹，复眼大，头部后缘曲折，头顶沟明显；雌虫触角比腹部短，雄虫的与腹部等长。胸部光滑，散生微细点刻，小盾片近三角形，中胸侧板具粗网状纹。翅近透明，上有极细的淡黄色斑。腹部光滑，也生有微细点刻，第一腹节背面后缘中央向前凹入（图39-A）。

卵：扁平肾形，淡黄色，长约1.8毫米，宽0.6毫米，表面光滑。

幼虫：共5龄，末龄幼虫体长17.7 ~ 18.8毫米，圆筒形。头深褐色，上唇不对称，后头后缘中央有一黑点，胸、腹部灰绿色，背面带暗蓝色，末节背面有2个暗纹。触角5节，圆锥形。腹部10节，腹足7对，位于第二至第八腹节，尾足1对，腹足基部各有一暗纹（图39-B至图39-D）。

蛹：雌虫体长9.8毫米，雄虫9毫米，初化蛹时黄白色，羽化前变为棕黑色。头顶圆，头胸部粗大，腹部细小，末端分叉。

（2）**大麦叶蜂**　成虫与小麦叶蜂相似，不同之处为：雌虫中胸前盾板除后缘为赤褐色外均为黑色，盾板两叶全是赤褐色；雄虫全体黑色。

（3）**浙江麦叶蜂**　成虫与小麦叶蜂和大麦叶蜂近似，主要区别是：雌虫中胸前盾板及盾板两叶均为赤褐色，雄虫为浅黄褐色，产卵器鞘上缘平直，下缘弯曲，末端较尖。

图39　麦叶蜂形态图

A.麦叶蜂成虫　B—D.麦叶蜂幼虫

发生特点

发生代数	在各地均为一年发生1代
越冬方式	以蛹在土中20 ～ 24厘米深处越冬
发生规律	北京翌春3月中下旬羽化为成虫，在麦田内交尾，交尾后3 ～ 4分钟雌虫即开始产卵。4月上旬至5月初为幼虫为害麦叶时期。幼虫老熟后钻入土中，分泌黏液，把周围的土粒黏住，做成土茧在其中休眠，直至10月中旬才蜕皮化蛹越冬。在山东东平县，2月下旬成虫开始羽化，3月上旬开始产卵，4月中下旬为幼虫为害盛期。在山东安丘市，2月下旬至4月上旬为成虫发生期，卵期为2月下旬至3月中、下旬，在平均气温7.97℃时历期23天；幼虫期4月上旬至5月上旬，老熟幼虫于5月初入土越夏，10月上旬化蛹越冬。在湖北武昌，成虫于3月上、中旬羽化，4月中旬至5月上旬是幼虫为害盛期，5月上、中旬幼虫老熟入土越夏，10月下旬变蛹越冬
生活习性	成虫白天活动、交尾、产卵，飞行能力不强，有假死性，夜晚或阴天潜伏于麦株根际或浅土中。成虫产卵有选择性，卵多产在新展开或即将展开的叶背中脉附近组织内。幼虫也有假死性

防治适期 三龄幼虫前。

防治措施

（1）**农业防治** 麦播前进行深耕，可将土中休眠的幼虫翻出，使其不能正常化蛹而死亡；有条件地区实行水旱轮作，进行稻、麦倒茬，可消灭麦叶蜂为害。

（2）**人工捕打** 利用麦叶蜂幼虫的假死习性，傍晚时进行捕打。

（3）**药剂防治** 防治适期每667米^{2}可用3%啶虫脒乳油20 ～ 30毫升、2.5%三氟氯氰菊酯乳油20 ～ 30毫升、90%敌百虫晶体120 ～ 150克或10%吡虫啉可湿性粉剂20 ～ 25克，兑成60 ～ 75升药液喷雾。也可用20%氰戊菊酯乳油4 000 ～ 6 000倍液或50%辛硫磷乳油1 000 ～ 2 000倍液喷雾。药剂防治时间适选择在傍晚或上午10：00前，可提高防治效果。

灰翅麦茎蜂

分类地位 灰翅麦茎蜂[*Cephus fumipennis*（Eversmann）]，又叫麦茎蜂、乌翅麦茎蜂、烟翅麦茎蜂，属膜翅目茎蜂科麦茎蜂属（*Cephus* spp.）。

为害特点 幼虫钻蛀茎秆，影响茎内养分和水分的传导，使麦芒及麦颖变黄，干枯失色，严重的整个茎秆被食空；后期茎节变黄或变黑，有的从地表截断，不能结实，或造成白穗，子粒秕瘦，千粒重降低。老熟幼虫钻入根茎部，从根茎部将茎秆咬断或仅留少量表皮连接，断面整齐，受害小麦很易折倒。一般小麦被害率5%，严重地块高达30%～50%，一般可造成千粒重下降19.6%～43.8%，对产量影响极大（图40）。成虫只交配产卵，不造成危害。

图40　灰翅麦茎蜂幼虫为害麦秆状

（A—B.李新苗摄　C—D.引自《主要病虫草鼠害防治关键技术》）

形态特征

成虫：体长8～12毫米，翅展7～10毫米，体色黑而发亮。头部黑色，复眼发达，触角丝状（图41-A和图41-B）。

雄虫：头部黑亮近方形，后缘中部弧形；复眼褐色或酱褐色，单眼淡褐或红褐色；触角黑色丝状，19～22节，第一节粗短，第二节近球形，第三至第六节较细长，以后各节渐粗短；唇基有小黄斑或不明显，上颚黄色，端部黑褐色，具3齿，中齿小；颚须黑褐色，唇须黄色，末节黑褐色。前胸背板后缘弧凹，中胸背板前缘中央有“叉”形凹沟，小盾片长大。翅面淡褐色半透明，翅痣狭长。足黄色，腿节外侧有黑斑，前足胫节有一端距，中、后足胫节约2/3及端部各有距1对；后足胫端及跗节黄褐色或褐色。腹部窄细侧扁，约为体长的2/3，第一背板后缘中央有近三角形的黄凹斑，第三、四、六节背板近中部有黄带，不明显或消失。

雌虫：体较粗壮，唇基无黄斑；足腿节黑色，仅膝部黄色或黄褐色，前、中足胫节和跗节黄色或棕黄色，后足胫端及跗节黑褐色。腹部第四、六节的近后缘有黄带，不明显或消失；腹板侧缘有时具黄斑；腹端斜截，腹部末端有一带毛的产卵器鞘，内有一红褐色的端部具锯齿状的产卵器。

卵：白色发亮，长椭圆形，长1 ~ 1.2毫米，宽0.35 ~ 0.4毫米（图41-C）。

幼虫：老熟后长7 ~ 12毫米，白色或淡黄色，略呈S形弯曲，头部淡褐色，胸足、腹足退化，体多皱褶，无毛，仅末节有稀疏刚毛（图41-D）。

蛹：裸蛹，体长8 ~ 12毫米，头宽1.1 ~ 1.5毫米。前蛹期白色，后蛹期灰黑色。

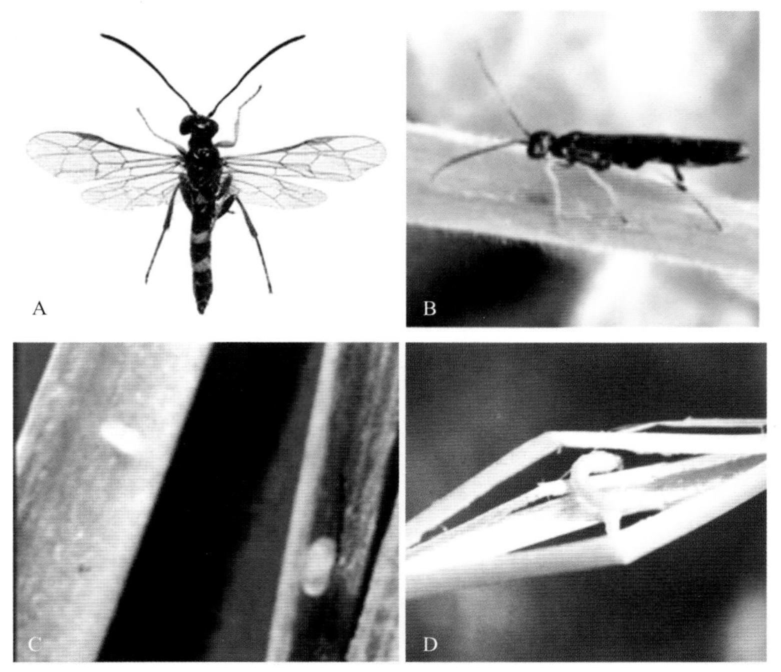

图41　灰翅麦茎蜂形态图

A—B.成虫　C.卵　D.幼虫

（引自《主要病虫草鼠害防治关键技术》）

发生特点

发生代数	在青海省一年发生1代
越冬、越夏方式	以老熟幼虫在小麦等寄主植物的根茬内结茧越冬、越夏
发生规律	在青海省，一般越冬幼虫于4月下旬至5月中旬在根茬中化蛹，5月中旬至6月底为成虫期，5月中旬小麦孕穗期成虫即开始产卵，一直到7月初终见。幼虫5月下旬始见，7月中旬老熟后相继钻入根茬内结薄茧越冬。随着海拔的升高发育历期会推后10天到一个月
生活习性	成虫羽化后，白天活动，喜在地埂、渠道两旁的委陵菜等杂草的花上及油菜花上活动觅食，取食花蜜和露水，取得补充营养后交尾，在春小麦植株上产卵

防治适期 6月中旬春小麦抽穗初期为灰翅麦茎蜂成虫始盛期，此期是该虫的重要防治时期。

防治措施

（1）**种植抗虫品种** 可选择抗虫性好的品种种植，如辐射阿勃1号、高原205等。

（2）**适期播种，合理密植，培育壮苗** 提高作物抗虫能力和自身补偿能力。

（3）**适时早收，低割麦茬** 可消灭尚未潜入麦茬还在地上茎秆中的幼虫。

（4）**深翻麦田** 收割后深翻麦田，将虫茬翻到15厘米以下，翌年大部分灰翅麦茎蜂成虫不能出土，有显著的防治效果。

（5）**轮作倒茬** 春小麦与豆类作物如豌豆、蚕豆或马铃薯等轮作倒茬，也能有效地减轻灰翅麦茎蜂的危害。

（6）**开发利用天敌生物** 开发利用踢茎姬蜂、丽微小茧蜂、镜面茎姬蜂对灰翅麦茎蜂有较强的寄生能力的天敌，抑制灰翅麦茎蜂的为害。

（7）**机械碾茬** 收割后用专用机械粉碎小麦根茬，消灭灰翅麦茎蜂越冬幼虫，降低越冬虫口基数。

（8）**药剂防治** 可选用药剂有2.5%溴氰菊酯乳油1 000倍液、50%敌敌畏乳油500倍液、4.5%高效氯氰菊酯乳油2 500倍液等药剂。采用喷雾防治，喷雾量为450千克/公顷，共喷2次，喷药间隔期7天，选无风、晴天、气温15 ～ 20℃时喷药。

蛴螬

分类地位 金龟子是鞘翅目金龟总科（Scarabaeoidea）的通称，蛴螬是金龟子的幼虫，在我国分布广泛，危害严重，是重要的地下害虫之一。对作物有危害的属于鳃金龟科（Melolonthidae）、丽金龟科（Rutelidae）和花金龟科（Cetoniidae）。主要有华北大黑鳃金龟[*Holotrichia oblita*（Faldermann）]、暗黑鳃金龟（*Holotrichia parallela* Motschulsky）和铜绿丽金龟（*Anomala corpulenta* Motschulsky）3种。

为害特点 幼虫食害植物及苗木的根部（图42），为害小麦时主要是咬断麦苗根茎，造成秋季缺苗断垄和春季形成枯心苗，以至小麦植株提前枯死。蛴螬咬断处切口整齐，以此区别于其他地下害虫。

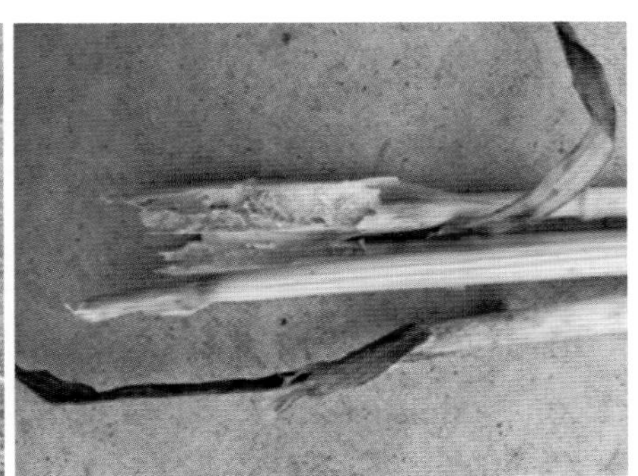

图42 蛴螬田间为害状

形态特征

（1）**华北大黑鳃金龟**

成虫：长椭圆形，体长21 ～ 23毫米、宽11 ～ 12毫米，黑色或黑褐色有光泽。胸、腹部生有黄色长毛，前胸背板宽为长的2倍，前缘钝角、后缘角几乎成直角。每鞘翅3条隆线。前足胫节外侧3齿，中后足胫节末端2距。雄虫末节腹面中央凹陷、雌虫隆起（图43-A；图44-A至图44-C）。

卵：椭圆形，乳白色（图44-C）。

幼虫：体长35 ～ 45毫米，肛孔三射裂缝状，前方着生一群扁而尖端成钩状的刚毛、并向前延伸到肛腹片后部1/3处（图43-A和图44-D）。

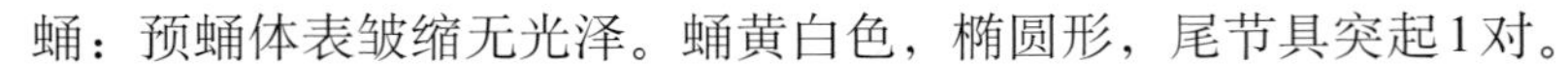

蛹：预蛹体表皱缩无光泽。蛹黄白色，椭圆形，尾节具突起1对。

（2）**暗黑鳃金龟**

成虫：体长16 ~ 21.9毫米，体宽7.8 ~ 11.1毫米，体色变幅很大，有黄褐色、栗褐色、黑褐色至沥黑色，以黑褐色、沥黑色个体为多，体被淡蓝灰色粉状闪光薄层，腹部薄层较厚，闪光更显著，全体光泽较暗淡。体型中等，长椭圆形，后方常稍膨阔。头阔大，唇基长大，前缘中凹微缓，侧角圆形，密布粗大刻点；额头顶部微隆拱，刻点稍稀。触角10节，鳃片部甚短小，3节组成。前胸背板密布深大椭圆刻点，前侧方较密，常有宽亮中纵带；前缘边框阔，有成排纤毛，侧缘弧形扩出，前段直，后段微内弯，中点最阔；前侧角钝角形，后侧角直角形，后缘边框阔，为大型椭圆刻点所断。小盾片短阔，近半圆形。鞘翅散布脐形刻点，4条纵肋清楚，纵肋Ⅰ后方显著扩阔，并与缝肋及纵肋Ⅱ相接。臀板长，几乎不隆起，掺杂分布深大刻点。胸下密被绒毛，后足跗节第一节明显长于第二节（图43-B；图44-E和图44-F）。

幼虫：中型，体长35 ~ 45毫米，头宽5.6 ~ 6.1毫米，头部前顶刚毛每侧一根，位于冠缝侧。臀节腹面无刺毛，仅具钩状刚毛，肛门孔三裂（图43-B；图44-G）。

蛹：体长为20 ~ 25毫米，体宽为10 ~ 12毫米。尾节三角形二尾角呈钝角岔开（图44-H）。

（3）**铜绿丽金龟**

成虫：体长15 ~ 21毫米，宽8 ~ 11.3毫米，体背铜绿色有金属光泽，前胸背板及鞘翅侧缘黄褐色或褐色。唇基褐绿色且前缘上卷；复眼黑色；黄褐色触角9节；有膜状缘的前胸背板前缘弧状内弯，侧、后缘弧形外弯，前角锐而后角钝，密布刻点。鞘翅黄铜绿色且纵隆脊略见，合缝隆较显。雄虫腹面棕黄且密生细毛、雌虫乳白色且末节横带棕黄色，臀板黑斑近三角形。足黄褐色，胫节、跗节深褐色，前足胫节外侧2齿、内侧1棘刺，2附爪不等大、后足大爪不分叉。初羽化成虫前翅淡白，后渐变黄褐色、青绿色到铜绿色具光泽（图43-C；图44-I和图44-J）。

卵：白色，初产时长椭圆形，长1.65 ~ 1.94毫米、宽1.30 ~ 1.45毫米；后逐渐膨大近球形，长2.34毫米、宽2.16毫米。卵壳光滑。

幼虫：三龄幼虫体长29 ~ 33毫米、头宽约4.8毫米，暗黄色，头部近圆形，头部前顶毛排各8根，后顶毛10 ~ 14根，额中侧毛列各2 ~ 4

根。前爪大、后爪小。腹部末端两节自背面观为泥褐色且带有微蓝色。臀腹面具刺毛列，多由13 ～ 14根长锥刺组成，两列刺尖相交或相遇，其后端稍向外岔开，钩状毛分布在刺毛列周围。肛门孔横裂状（图43-C和图44-K）。

蛹：略呈扁椭圆形，长约18毫米、宽约9.5毫米，土黄色。腹部背面有6对发音器。雌蛹末节腹面平坦，且有一细小的飞鸟形皱纹，雄蛹末节腹面中央阳基呈乳头状。临羽化时前胸背板、翅芽、足变绿（图44-L）。

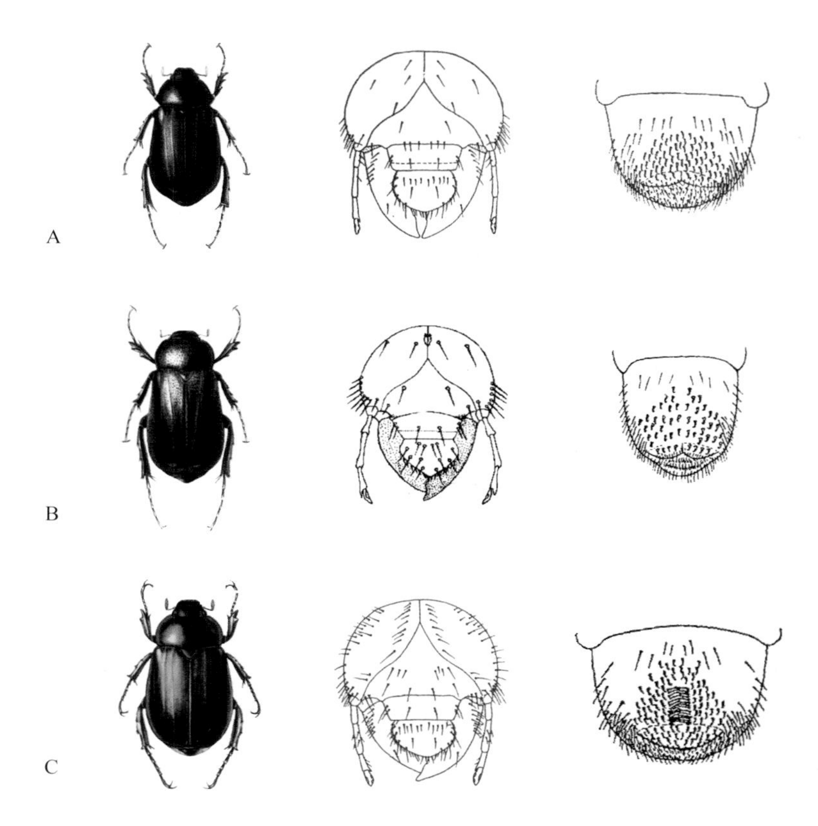

图43 三种蛴螬的形态模式图

A.华北大黑鳃金龟（左为成虫，中为幼虫头部正面，右为幼虫臀节腹面）

B.暗黑鳃金龟（左为成虫，中为幼虫头部正面，右为幼虫臀节腹面）

C.铜绿丽金龟（左为成虫，中为幼虫头部正面，右为幼虫臀节腹面）

图44　三种蛴螬的形态图

A.华北大黑鳃金龟成虫　B.华北大黑鳃金龟成虫腹面（左为雌虫，右为雄虫）
C.华北大黑鳃金龟雌成虫腹面（可见腹部的卵）　D.华北大黑鳃金龟幼虫　E.暗黑鳃金龟成虫
F.暗黑鳃金龟成虫（左为雌虫，右为雄虫）　G.暗黑鳃金龟幼虫　H.暗黑鳃金龟蛹
I.铜绿丽金龟成虫背面（左为雌虫，右为雄虫）　J.铜绿丽金龟成虫腹面（左为雌虫，右为雄虫）
K.铜绿丽金龟幼虫　L.铜绿丽金龟蛹

发生特点

发生代数	金龟子一般1～2年完成1代。大黑鳃金龟在华南地区1年发生1代，在其他地方一般2年发生1代，部分个体1年可以完成1代。在黑龙江部分个体3年才能完成1代。暗黑鳃金龟在河北、河南、山东、江苏、安徽等地1年发生1代。铜绿丽金龟1年发生1代
越冬方式	以成虫或幼虫在土中越冬，越冬深度因地而异
发生规律	暗黑鳃金龟在2年1代区，越冬代成虫偏爱在春季10厘米土温达到10℃时开始出土活动，5月中旬为成虫盛发期，6月上旬至7月上旬是产卵盛期，卵期为10～15天，6月下旬至8月中旬为卵孵化盛期。当年孵化的幼虫除极少数可以在当年化蛹、羽化，完成1个世代外，绝大部分在秋季土温低于10℃时潜入耕作层深处越冬。翌年春季当10厘米土温达到10℃时，越冬幼虫开始上升为害，6月初开始化蛹，6月下旬进入蛹盛期，蛹期约20天、7月下旬至8月中旬为成虫羽化盛期，羽化的成虫当年不出土，而在土中越冬。暗黑鳃金龟在山东，4月下旬至5月初越冬幼虫开始化蛹，5月中下旬为化蛹盛期，蛹期为15～20天。6月上旬开始羽化，羽化盛期在6月中旬，7月中旬至8月中旬为成虫交配产卵盛期。7月初田间始见卵，7月中旬为产卵盛期，卵期为8～10天。初孵幼虫即可为害，8月中下旬是幼虫为害盛期。9月末幼虫陆续下潜进入越冬状态，以成虫越冬的，越冬成虫于翌年5月出土活动。铜绿丽金龟越冬幼虫在春季10厘米土温高于6℃时开始活动，对春播作物有短时间危害。在辽宁5月上中旬，越冬幼虫开始为害，5月下旬进入预蛹期，化蛹盛期在6月中下旬。7月上中旬为成虫羽化和产卵盛期，10月中旬进入越冬期
生活习性	均是昼伏夜出，晚9：00～11：00为活动取食高峰。具有强烈的趋光性、趋化性和趋粪性

防治措施

（1）**农业防治技术** 清除田间杂草，实行精耕细作，以消灭土壤中的金龟子。幼苗出土后，采取深锄，可消灭大量虫卵及幼虫，以减轻危害。春秋深耕特别是机耕，也能有效消灭蛴螬。据调查，机耕后很难找到蛴螬，而畜耕3次仍能发现蛴螬。

（2）**灯光诱杀成虫** 很多金龟子有趋光性，如大云鳃金龟趋光性很强，山西忻州市大发生时，在100公顷面积上设置41台黑光灯进行诱杀，每台每夜诱杀1 000～4 590头，平均1 297头，大大减轻了危害。同时黑光灯周围的土壤中有大量卵及幼虫，给集中消灭创造了条件。

（3）**种植诱集植物诱杀成虫** 金龟子成虫对有些植物如蓖麻、苘麻、小叶女贞、小叶黄杨及榆树有很强的趋性。蓖麻叶还对大黑鳃金龟成虫有一定的毒杀效果。故可利用诱集植物能将金龟子幼虫集中，然后辅以其他技术对其进行灭杀。

（4）**生物防治** 采用昆虫病原线虫、绿僵菌、苏云金杆菌（Bt）、钩土蜂等生物杀虫剂对蛴螬进行防治，也可利用金龟子的性外激素辅以诱集植物的提取物进行诱杀，能达到很好的效果。

（5）**化学防治** 用48%毒死蜱悬浮种衣剂按种子量的0.16%剂量或用35%吡虫啉悬浮种衣剂按种子量的0.3%剂量包衣麦种，对蛴螬具有很好的防治效果，同时可兼治金针虫、蝼蛄等其他地下害虫。用种子与50%～75%辛硫磷乳油2 000倍液按药种比1：10剂量拌种防治蛴螬。也可在播种前将辛硫磷药剂均匀喷撒于地面，然后翻耕或用将药剂与土壤混匀；播种时将辛硫磷颗粒剂与种子混播；药肥混合后在播种时沟施；将药剂配成药液顺垄浇灌或围灌防治幼虫。成虫盛发期喷25%西维因粉剂或15%的乐果粉剂1 000～1 500倍液或其他药剂，均有较好的防治效果。

金针虫

分类地位 金针虫是叩头虫幼虫的通称，属鞘翅目叩头虫科；是一类重要地下害虫。在我国危害农作物的金针虫有数十种，其中发生普遍、对小麦为害严重的种类有沟金针虫（*Pleonomus canaliculatus* Faldermann）、细胸金针虫（*Agriotes fuscicollis* Miwa）和褐纹金针虫（*Melanotus caudex* Lewis）。另外，宽背金针虫[*Selatosomus latus*（Fabricius）]等在一些地区发生危害也较普遍。

为害特点 金针虫田间为害的诊断识别主要在小麦返青拔节期。金针虫为害幼苗的显著为害状是受害苗的主根很少被咬断，被害部位不整齐，呈丝状，被金针虫咬食幼苗的主根或地下茎，形成枯心苗（图45）。其成虫在地上活动时间不长，取食作物的嫩叶，但危害不重。

形态特征

（1）**沟金针虫**

成虫：雌虫体长16～17毫米，宽4～5毫米；雄虫体长14～18毫米，宽约3.5毫米。雌雄体形差异较大。雌虫扁平宽阔，背面拱隆；雄虫细长瘦狭，背面扁平。虫体深褐色或棕红色，全身密被金黄色细毛，头和胸部的毛较长。头部刻点粗

沟金针虫

图45 金针虫田间为害状
A—B. 苗期田间为害状 C—D. 中后期田间为害状

密，头顶中央呈三角形低凹。雌虫触角略呈锯齿状，11节，长约前胸的2倍；雄虫触角细长，12节，约与虫体等长。雌虫前胸发达，前窄后宽，向背后呈半球形隆起；前胸密生刻点，在正中部有极细小的纵沟。雄虫鞘翅狭长，两侧近平行，前端收狭，末端略尖；雌虫较肥阔，末端钝圆，表面拱凸，刻点较头部和胸部细。雌虫后翅退化。雄虫足细长，雌虫明显粗短（图46-A和图46-B；图47-E）。

幼虫：末龄幼虫体体长20 ~ 30毫米，最宽处约4毫米，虫体宽大于长（图46-D和图46-E；图47-A和图47-B）。

卵：椭圆形乳白色，长约0.7毫米，宽约0.6毫米（图46-C）。

蛹：纺锤形，长15 ~ 22毫米，宽3.5 ~ 4.5毫米。前胸背板隆起呈半圆形，前缘及后缘角各有1对剑状长刺，中胸较后胸短。足腿节与胫节并叠，与体躯略呈直角。腹部末端瘦削，尾端自中间裂开，有刺状突起。蛹初期淡绿色，后渐变为深色（图46-F；图47-C和图47-D）。

（2）**细胸金针虫**

成虫：体长8 ～ 9毫米，宽约2.5毫米。体形细长，背面扁平。头、胸部暗褐色，鞘翅、触角和足棕红色。体密被黄色短毛，有光泽。头顶拱凸，刻点深显。额唇基前缘和两侧高出呈脊状，明显高出上唇和触角窝，其顶端平截或略弓弧。触角细短，第一节粗长，第二节稍长于第三节，自第四节起略呈锯齿状；各节基细、端粗，彼此约等长，末节呈圆锥形。鞘翅狭长，长约为头胸部2倍，每侧具有9行刻点沟。足粗短，各足腿节向外不超过体侧，跗节1 ～ 4节的节长渐短，爪单齿式（图46-G）。

幼虫：末龄幼虫体长23毫米，宽约1.3毫米（图46-H和图46-I；图47-H和图47-I）。

卵：圆形，乳白色，长0.5 ～ 1.0毫米。

蛹：纺锤形，长8 ～ 9毫米。化蛹初期体乳白色，后变黄色；羽化前复眼黑色，口器淡褐色，翅芽灰黑色。

（3）**褐纹金针虫**

成虫：体长8 ～ 10毫米，宽约2.7毫米。体细长，黑褐色，并密被灰

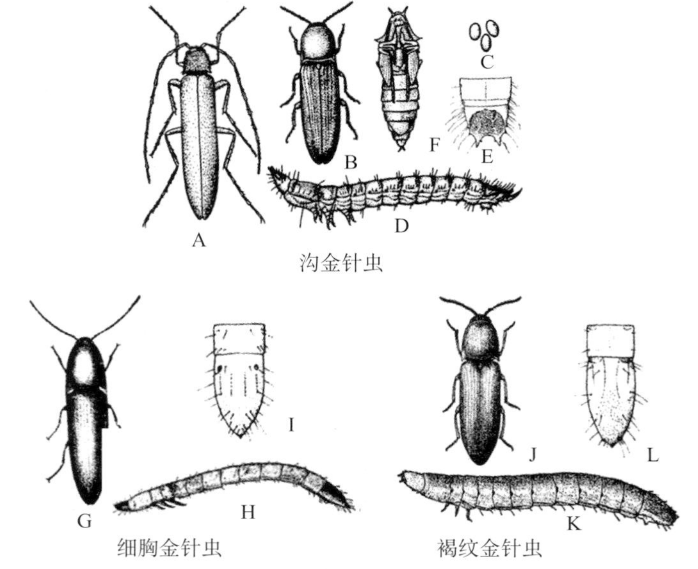

图46　金针虫形态模式图

A.沟金针虫雄成虫　B.沟金针虫雌成虫　C.沟金针虫卵　D.沟金针虫幼虫　E.沟金针虫幼虫腹部末节　F.沟金针虫蛹　G.细胸金针虫成虫　H.细胸金针虫幼虫　I.细胸金针虫幼虫腹部末节　J.褐纹金针虫成虫　K.褐纹金针虫幼虫　L.褐纹金针虫幼虫腹部末节

色短毛。头部凸形，黑色，密生较粗刻点。触角暗褐色，第二、三节略成球形，第四节较第二、三节稍长，第四至十节锯齿状。前胸背板黑色，刻点较头部小，后缘角向后突出。鞘翅黑褐色，长约为头胸部的2.5倍，有9条纵裂的刻点。腹部暗红色，足暗褐色（图46-J）。

幼虫：末龄幼虫体长30毫米，宽约1.7毫米（图46-K和图46-L）。

图47 金针虫形态图

A—B.沟金针虫幼虫 C—D.沟金针虫蛹 E.沟金针虫成虫 F.沟金针虫雄成虫 G.沟金针虫雌成虫 H—I.细胸金针虫幼虫

卵：为椭圆形，长约0.5毫米，宽约0.4毫米。初产时乳白略黄。孵化前呈长卵圆形，长3毫米，宽约2毫米。

蛹：体长9 ～ 12毫米，初蛹乳白色，后变黄色，羽化前棕黄色。前胸背板前缘两侧各斜竖1根尖刺。尾节末端具1根粗大臀棘，着生有斜伸的两对小刺。

发生特点

发生代数	一般2 ～ 3年完成1代，有的种类5年以上才能完成1代。例如：沟金针虫发育很不整齐，常需2 ～ 5年才能完成1代
越冬方式	沟金针虫以成虫和幼虫越冬
发生规律	沟金针虫越冬成虫和幼虫在3月、4月10厘米土温达到9 ～ 12℃时，上升活动并为害正在返青拔节的小麦。细胸金针虫越冬成虫在3月当10厘米土温达8 ～ 11℃时，开始出土活动；越冬幼虫2月下旬10厘米土温达4.8℃时，开始上升活动与为害。褐纹金针虫越冬成虫于5月上旬，当旬平均10厘米土温17℃时开始出土，活动适宜气温为20 ～ 27℃ ；越冬幼虫于4月上中旬，当旬平均10厘米土温9.1 ～ 12.1℃时在表土层活动和为害；9月上中旬幼虫上移到表土层为害秋播麦苗。当小麦返青至拔节期雨日多时，细胸金针虫与褐纹金针虫将进入为害活动盛期（重发生）
生活习性	成虫昼伏夜出，具有趋光性和趋化性

防治适期 在小麦返青期和春播作物播种期采用土壤处理的方法进行防治。小麦返青初期结合浇返青水，每667米^{2}施用50%辛硫磷乳剂0.25千克，配成毒土顺垄撒施。

防治措施

（1）**农业防治** 对金针虫发生严重的小麦田进行精耕细作，特别是在播种前进行深耕细耙，通过机械损伤或将虫体翻出土面被鸟类捕食，以降低金针虫密度。另外，水旱轮作也是控制金针虫的农业防治措施之一。

（2）**合理施肥与麦田除草** 不能施用未腐熟的生粪，在小麦苗期及时将田间杂草除净，可减少越冬幼虫数量。同时，在金针虫一至二龄幼虫盛发期，及时铲除田间杂草，减少金针虫早期食料，也可消灭部分幼虫和卵。

（3）**诱集防治** 每667米^{2}用5%辛硫磷颗粒剂1.52千克拌入干粪100千克，随小麦播种施入地下，防治金针虫效果较好。

（4）**药剂防治**

①药剂拌种。用40%辛硫磷乳油100 ～ 165毫升，加水5 ～ 7.5千克，拌麦种50千克，可有效防治金针虫等地下害虫，其防治效果可达到

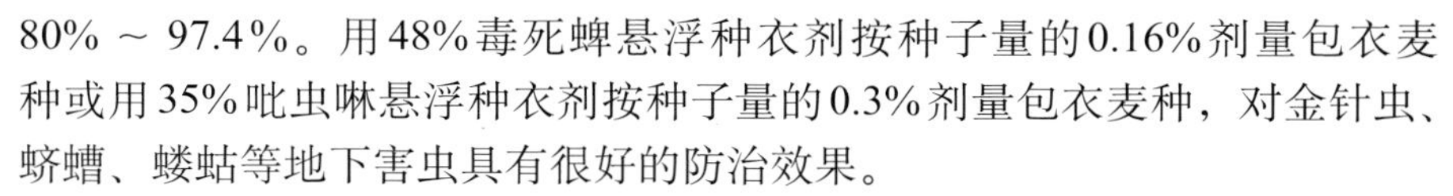

80% ～ 97.4%。用48%毒死蜱悬浮种衣剂按种子量的0.16%剂量包衣麦种或用35%吡虫啉悬浮种衣剂按种子量的0.3%剂量包衣麦种，对金针虫、蛴螬、蝼蛄等地下害虫具有很好的防治效果。

②毒土防治。在小麦播种时，将3%辛硫磷颗粒剂3 ～ 4千克与细土30 ～ 40千克，拌匀后开沟施，或顺垄撒施后接着划锄覆土，可有效防治金针虫危害。

③颗粒剂防治。将5%辛硫磷颗粒剂按2 ～ 2.5千克/公顷施入表土层防治；或用5%地中硫磷颗粒剂100 ～ 160克／公顷进行土壤处理，播前一次施药能有效地控制小麦苗期金针虫的危害。

④浇灌药水。如发现断苗或枯心苗，可用50%二嗪磷乳油500倍液、50%辛硫磷乳油500倍液、48%毒死蜱乳油500倍液灌根。在发生密度高的地块，将50%辛硫磷乳油250毫升/公顷，稀释1 500倍液，用去掉喷片的喷雾器顺麦垄喷施，可获得持较好的防效且持效期长。

⑤生物制剂防治。利用苏云金杆菌（Bt）制剂防治细胸金针虫低龄幼虫，或利用绿僵菌制剂防治沟金针虫，均有明显的防治效果，而且持效期长。

易混淆的害虫

易混淆的害虫	体色、体型	虫体长和宽	体背纵沟	尾节
沟金针虫	体金黄色，并有同色细毛，侧部较背面为多，体型较扁圆	末龄幼虫体长20 ～ 30毫米，最宽处约4毫米，体节宽大于长	体背每节正中央有1条细纵沟	尾节末端分2叉，并稍向上弯曲，每叉内侧各有1个小齿（图48-A）
细胸金针虫	体淡黄色，体型较细长，圆筒形，有光泽	末龄幼虫体长23毫米，宽约1.3毫米	无	尾节末端不分叉，圆锥形；扁平而长，尖端具3个小突起，前半部有4条纵线（图48-B）
褐纹金针虫	体茶褐色，体型细长，圆筒形，有光泽	末龄幼虫体长30毫米，宽约1.7毫米	无	尾节末端不分叉，圆锥形；背面近前缘两侧各有褐色斑1个，并有4条褐色纵纹（图48-C）
宽背金针虫	体棕褐色，体型较宽扁，细长，有光泽	末龄幼虫体长20 ～ 22毫米，宽约3毫米	无	尾节末端分2叉；每叉端有4个大齿，上面2齿大向上弯曲，下面2齿小（图48-D）

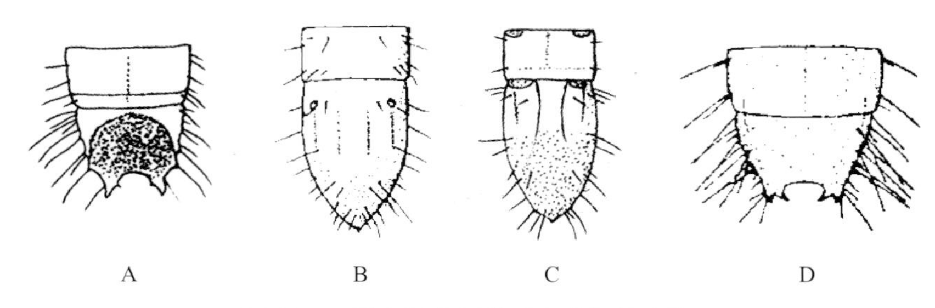

图48　四种金针虫尾节形态特征的比较
A.沟金针虫　B.细胸金针虫　C.褐纹金针虫　D.宽背金针虫

蝼蛄

分类地位 蝼蛄属直翅目蝼蛄科。我国记载的蝼蛄有六种，其中分布最广泛、为害最严重的种类有华北蝼蛄（*Gryllotalpa unispina* Saussure）和东方蝼蛄（*Gryllotalpa orientalis Burmeister*）两种。

为害特点 蝼蛄是最活跃的地下害虫，食性杂，成虫、若虫均危害严重。咬食各种作物种子和幼苗，特别喜食刚发芽的种子，咬食幼根和嫩茎成乱麻状或丝状，使幼苗生长不良甚至死亡，造成严重缺苗断垄。特别是蝼蛄在土壤表层窜行为害，造成种子架空漏风，幼苗吊根，导致种子不能发芽，幼苗失水而死，损失非常严重（图49）。

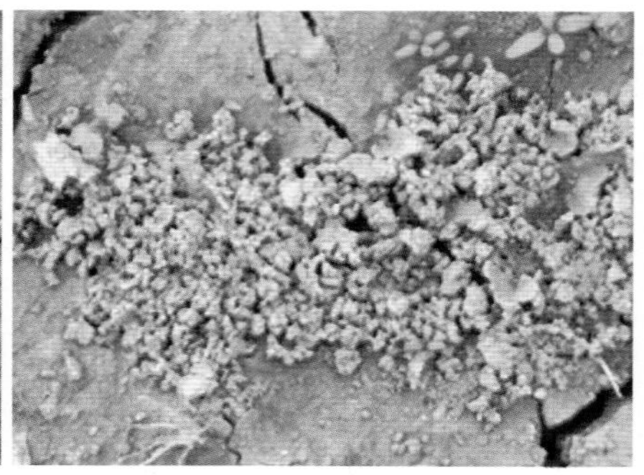

图49　蝼蛄田间为害状（左）及为害时的隧道（右）

形态特征

（1）华北蝼蛄

成虫：雌虫体长45 ～ 66毫米，头宽9毫米；雄虫体长39 ～ 45毫米，头宽约5.5毫米。体黄褐色，全身密被黄褐色细毛。头暗褐色，头中央有3个单眼，触角鞭状。前胸背板盾形，背中央有1个心脏形、凹陷不明显的暗红色斑。前翅黄褐色，长14 ～ 16毫米，覆盖腹部不到一半；后翅长远超越腹部达尾须末端。足黄褐色，前足发达；其腿节下缘不平直，中部强外突，弯曲成S形；后足胫节内侧仅有一背刺（故又称为背刺蝼蛄）。雄性生殖器粗壮，后角长，端部尖舌状；阳茎腹片向阳茎侧突囊下方延伸弯折，末端分叉，整体呈W状（铁锚状）（图50-A、图50-C和图50-D）。

若虫：初孵若虫体长3.56毫米，末龄若虫体长41.2毫米。初孵时体乳白色，以后体色逐渐加深，复眼淡红色，头部淡黑色；前胸背板黄白色，腹部浅黄色，二龄以后体黄褐色，五龄后基本与成虫同色，体形与成虫相仿，仅有翅芽。若虫共有13龄。

卵：孵椭圆形，初产长为1.6 ～ 1.8毫米，宽为1.1 ～ 1.4毫米，乳白色，有光泽，后变黄褐色。孵化前呈暗灰色，长为2.4 ～ 3毫米，宽为1.5 ～ 1.7毫米。

（2）东方蝼蛄

成虫：雌虫体长31 ～ 35毫米，雄虫30 ～ 32毫米。体淡黄色，全身密被细毛。头圆锥形，暗褐色。触角丝状，黄褐色。复眼红褐色，单眼3个。前胸背板从上面看呈卵形，背中央凹陷长约5毫米。前翅灰褐色，长约12毫米，覆盖腹部达一半；后翅长超越腹部末端。前足发达；其腿节下缘正常，较平直；后足胫节内侧具3枚背刺（连端刺共7枚）。雄性生殖器粗壮，侧面观有折形，后角短，端部平凹，位于腹突之上；阳茎腹片向两侧延伸呈M状。该种在我国曾被错认为是非洲蝼蛄长达60余年之久（图50-B、图50-C和图50-D）。

若虫：若虫有8 ～ 9龄，初孵若虫体长约4毫米，末龄若虫体长约25毫米。初孵化时体乳白色，复眼淡红色，数小时后，头、胸、足渐变为暗褐色，并逐步加深；腹部浅黄色。三龄若虫初见翅芽，四龄时翅芽长达第一腹节，末龄若虫翅芽长达第三、四腹节。

卵：初产卵长约2.8毫米，宽约为1.5毫米，椭圆形，灰白色，有光泽，后逐渐变为黄褐色。孵化前呈暗褐或暗紫色，长约4毫米，宽约2.3毫米。

图50　蝼蛄形态图

A.华北蝼蛄成虫　B.东方蝼蛄成虫　C.华北蝼蛄（左）和东方蝼蛄（右）成虫背面观　D.华北蝼蛄（左）和东方蝼蛄（右）成虫腹面观

发生特点

发生代数	华北蝼蛄是我国北方的重要种类，在各地约需3年完成1代。东方蝼蛄在我国各省份均有分布，属全国性害虫。在华中、长江流域及其以南各省每年发生1代。华北、东北、西北2年左右完成1代；陕西南部约1年1代，陕西关中1～2年1代
越冬方式	均以成虫和若虫在土中越冬

发生规律	华北蝼蛄在华北地区，越冬成虫于6月上中旬开始产卵，7月初孵化。到秋季达八至九龄时，深入土中越冬。翌春越冬若虫恢复活动继续为害，到秋季达十二至十三龄后又进入越冬。第三年春又活动为害，8月以后若虫羽化为成虫，为害一段时间后即以成虫越冬。至第四年5月成虫开始交配准备产卵。东方蝼蛄在黄淮地区，越冬成虫5月开始产卵，盛期为6月、7月两月，卵经15 ~ 28天孵化，当年孵化的若虫发育至四至七龄后，在40 ~ 60厘米深土中越冬。第二年春季恢复活动，为害至8月开始羽化为成虫。若虫期长达400天以上。当年羽化的成虫少数可产卵，大部分越冬后，至第三年才产卵。在黑龙江越冬成虫活动盛期在6月上中旬，越冬若虫的羽化盛期在8月中下旬
生活习性	均是昼伏夜出，晚9：00 ~ 11：00为活动取食高峰。具有强烈的趋光性、趋化性和趋粪性

防治措施

（1）**农业措施** 深耕、中耕可减轻蝼蛄的危害。深耕细耙能杀伤大量越冬蝼蛄，还可招引食虫鸟寻食，减少越冬虫源基数。秋末大水冬灌可减轻翌春蝼蛄的危害。另外，采用水旱轮作也是一种防治措施。

（2）**诱杀防治** 蝼蛄具有很强的趋光性、趋化性、趋粪性，可利用这些特性来捕杀。在蝼蛄羽化期间，晚上7：00 ~ 10：00可用黑光灯捕杀成虫。因其对香甜物质具有趋性，可将玉米面、谷子、豆饼、麦麸等炒至半熟（有香味）按比例与农药搅拌均匀，例如将90%晶体敌百虫130 ~ 150克、白糖250克、白酒50克与5千克温水做成毒饵，于晴天傍晚撒在作物行间、苗根附近，或隔一定距离撒一堆；每667米^{2}一般需用5千克左右；同样用酒精拌上述几种农药晚间撒在地里，也可收到较好的防治效果。或在作物行间每隔20 米左右挖一小坑，将厩肥、马粪或带水的鲜草放入坑内诱集，翌日清晨可到坑内集中捕杀。另外，在蝼蛄发生期间，根据蝼蛄活动产生的新鲜隧道，进行人工捕杀。

（3）**保护利用天敌** 鸟类是蝼蛄的天敌。可在苗圃等地块周围栽植杨、刺槐等防风林，招引红脚隼、戴胜、喜鹊、黑枕黄鹂和红尾伯劳等食虫鸟以利控制虫害。蝼蛄也有其他天敌，注意保护利用，控制其害。

（4）**化学防治** 主要采用药剂拌种、毒饵诱杀、撒施毒土、毒液浇灌等方法。用5%丁硫克百威颗粒剂3千克/公顷对蝼蛄防效显著，用药后15天的防效达92.65%，用药后30天的防效仍接近85%。或用48%毒死蜱悬浮种衣剂按种子量的0.16%剂量包衣麦种或用35%吡虫啉悬浮种衣剂按种子量的0.3%剂量包衣麦种，对蝼蛄具有很好的防治效果，同时兼治蛴螬、金针虫等其他地下害虫。或用5%氟虫腈悬浮剂10 ～ 20毫升兑水6千克，喷于蝼蛄发生危害严重的地面。或用25%西维因粉剂100 ～ 150克与25克细土均匀拌和，撒于土表再翻入土下毒杀。

黏虫

分类地位 黏虫（*Mythimna separata* Walker，异名*Leucania separate* Walker）又称粟夜盗虫、剃枝虫，俗名五彩虫、麦蚕等。属于鳞翅目夜蛾科。

为害特点 黏虫以幼虫咬食叶片，一至二龄幼虫仅食叶肉形成小孔，三龄后才形成缺刻，五至六龄达暴食期，严重时将叶片吃光形成光秆，造成严重减产，甚至绝收。当一块禾谷类田被吃光后，幼虫常成群迁到另一块田为害，故又名行军虫。在小麦收获后，黏虫马上转移到套种的玉米或高粱田及麦田附近的杂粮上，玉米出苗后见到的黏虫一般为四至六龄，如果防治不及时，仅2 ～ 3天就会把玉米、高粱、谷子的幼苗叶片吃光，只剩下叶脉，造成严重损失（图51）。

黏虫

图51　黏虫在小麦上造成的危害

形态特征

成虫：成虫体长16 ～ 20毫米，翅展36 ～ 45毫米。前翅中央近前缘处有两个淡黄色斑纹，翅中央有一个小白点，其两侧各有一个小黑点，前翅顶角有一个黑纹，自顶角向后缘斜伸，前足胫节侧面光滑无刺（图52-A和图52-B）。

卵：卵馒头型，卵粒上有六角形网状纹，初产时白色，渐变黄色，褐色，将近孵化时为黑色。成虫产卵时，分泌胶质将卵粒黏结在植物叶上，排列成2 ～ 4行，有时重叠，形成卵块。每块含卵10余粒，个别大的卵块有200 ～ 300粒不等（图52-C）。

幼虫：幼虫共有6龄，体色随龄期、密度和食物等环境因子变化，初孵时为灰褐色，二至三龄幼虫取食嫩叶时，身体前半部分或大部分呈现绿色或灰绿色，幼虫密度较大时，四龄以上幼虫成黑色或灰黑色，幼虫密度较小时，体色变浅，呈现黄褐色至黄绿色（图52-D至图52-F）。

蛹：蛹初化时乳白色，渐变黄褐至红褐色，体长19 ～ 23毫米，最宽处约7毫米，胸背有数条横皱纹。雌蛹生殖孔位于腹部第八节腹面，腹末端较尖瘦，腹面较平，不向外突；雄蛹生殖孔位于腹部第九节腹面，腹末腹面稍向前突，显得较钝。雌蛹生殖孔与肛门的距离大于雄蛹（图52-G）。

图52 黏虫形态图

A.成虫 B.不同体色成虫（上左雌，上右雄，下左雌，下右雄）

C.卵 D—F.不同体色幼虫 G.蛹

发生特点

发生代数	一年发生2～6代
越冬方式	以幼虫和蛹在稻桩、田埂杂草、绿肥田、麦田表土下越冬
发生规律	在条件适合时可终年繁殖。在我国东半部地区的越冬北界位于北纬32°～34°。在此界线以北的华北、东北和华东、中南的部分地区，冬季日平均温度等于或低于0℃的天数在30天以上时，黏虫不能越冬
生活习性	成虫具有远距离迁飞习性

防治适期 三龄幼虫之前。

防治措施

（1）**农业措施** 黏虫越冬区及冬季为害区，结合各项农事操作活动，清理稻草堆垛，铲草堆肥，修理田埂，清除田间水稻根茬，消灭越冬黏虫，减少其产卵机会，压低麦田虫源基数。

（2）**诱杀成虫** 利用成虫多在禾谷类作物叶上产卵习性，在麦田插谷草把或稻草把，每667米^{2}插20～50个，每5天更换新草把，把换下的草把集中烧毁。也可用糖醋盆、黑光灯、杀虫灯等诱杀成虫，压低虫口基数。

（3）**化学防治** 当一类麦田每平方米有虫达25头、二类麦田每平方米有虫达10头，应及时进行化学防治。每667米^{2}用25%灭幼脲悬浮剂30～40克或2.5%敌百虫粉剂1.5～2千克，在清晨有露水时撒施。在禾本科作物收获前15天，可选用48%毒死蜱乳油，每667米^{2}30～60毫升兑水20～40升喷雾，或30～40毫升兑水400毫升进行超低量喷雾，对该虫有特效。喷雾力求均匀周到，田间地头、沟（路）边的杂草上均需喷施药剂。

易混淆的害虫

黏虫幼虫

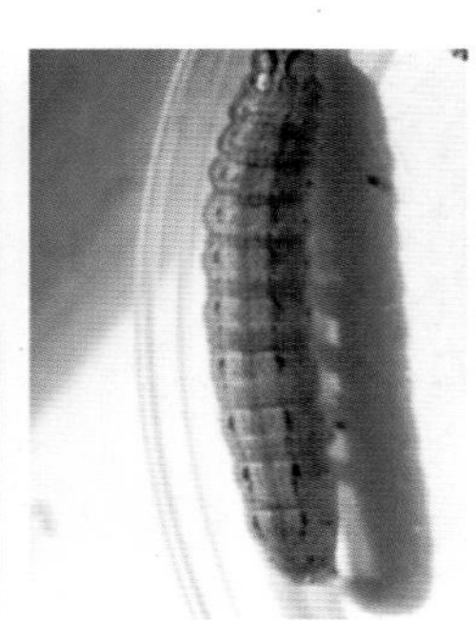
劳氏黏虫幼虫

淡脉黏虫幼虫

图53 三种黏虫幼虫形态图

易混淆害虫	黏虫幼虫	劳氏黏虫幼虫	淡脉黏虫幼虫
头部	头部褐色明显，“八”字纹明显	头部褐色不明显，“八”字纹不明显	—
胸腹部	纵线明显	纵线明显	纵线不明显
气门	白色气门线明显	气门上无明显白线	气门上无明显白线

棉铃虫

分类地位 棉铃虫[*Helicoverpa armigera*（Hubner）]又名玉米穗虫、棉挑虫、钻心虫、青虫、棉铃实夜蛾等，属鳞翅目夜蛾科。

为害特点 为害小麦时，幼虫食害麦穗、麦秆和麦叶。取食麦粒汁液，受害后的麦粒只留下外壳，排出白色粪便落于麦穗和麦叶上；为害嫩叶成缺刻或孔洞，粪便堆积在叶面，严重影响小麦生长期的长势，导致产量下降，甚至绝收。田间棉铃虫幼虫多嗜食麦穗，一般不取食麦秆和麦叶（图54）。

棉铃虫

图54 棉铃虫在小麦叶部和穗部的为害状

形态特征

成虫：成虫体长14 ~ 18毫米，翅展30 ~ 38毫米，灰褐色。前翅有褐色肾形纹及环状纹，肾形纹前方前缘脉上具褐纹2条，肾纹外侧具褐色宽横带，端区各脉间生有黑点。后翅淡褐色至黄白色，端区黑色或深褐色（图55-A和图55-B）。

卵：卵半球形，0.44 ~ 0.48毫米，初乳白色后黄白色，孵化前深紫色（图55-C）。

幼虫：幼虫体长30 ~ 42毫米，体色因食物或环境不同变化很大，有

图55　棉铃虫形态图

A—B.不同体色成虫　C.卵　D—G.田间不同体色幼虫　H.蛹

淡绿色、淡红色至红褐色或黑紫色。绿色型和红褐色型常见。绿色型，体绿色，背线和亚背线深绿色，气门线浅黄色，体表面布满褐色或灰色小刺。红褐色型，体红褐色或淡红色，背线和亚背线淡褐色，气门线白色，毛瘤黑色。腹足趾钩为双序中带，两根前胸侧毛连线与前胸气门下端相切或相交（图55-D至图55-G）。

蛹：蛹长17 ～ 21毫米，黄褐色，腹部第五至七节的背面和腹面具7 ～ 8排半圆形刻点，臀棘钩刺2根，尖端微弯（图55-H）。

发生特点

发生代数	内蒙古、新疆年生3代，华北4代，长江流域以南5 ～ 7代
越冬方式	以蛹在土中越冬
发生规律	翌春气温达15℃以上时开始羽化。华北4月中下旬开始羽化，5月上中旬进入羽化盛期。第一代卵见于4月下旬至5月底，第一代成虫见于6月初至7月初，6月中旬为盛期，7月为第二代幼虫为害盛期，7月下旬进入第二代成虫羽化和产卵盛期，第四代卵见于8月下旬至9月上旬，所孵幼虫于10月上中旬老熟入土化蛹越冬。第一代主要于麦类、豌豆、苜蓿等早春作物上为害，第二代、第三代为害棉花，第三代、第四代为害番茄等蔬菜，从第一代开始为害果树，后期较重。成虫昼伏夜出，对黑光灯趋性强，萎蔫的杨柳枝对成虫有诱集作用，卵散产在嫩叶或果实上，每雌可产卵100 ～ 200粒，多的可达千余粒。产卵期历时7 ～ 13天，卵期3 ～ 4天，孵化后先食卵壳，脱皮后先吃皮，低龄虫食嫩叶，二龄后蛀果，蛀孔较大，外具虫粪，有转移习性，幼虫期15 ~ 22天，共6龄。老熟后入土，于3 ~ 9厘米处化蛹。蛹期8 ～ 10天。该虫喜温喜湿，成虫产卵适温23℃以上，20℃以下很少产卵，幼虫发育以25 ～ 28℃和相对湿度75% ～ 90%最为适宜。北方湿度对其影响更为明显，月降水量高于100毫米，相对湿度70%以上为害严重
生活习性	成虫具有趋光性，兼性迁飞昆虫，条件不适宜可以完成远距离迁飞

防治适期 第一代代棉铃虫主要为害小麦，卵盛期在5月上中旬，麦田防治指标为每平方米有二龄幼虫8头或百株累计卵量16粒左右；第二代卵盛期在6月中下旬，防治指标为百株累计卵量100粒或防治后百株残虫10头以上；第三代卵盛期在7月中下旬，防治指标为百株累计卵量40粒或防治后百株残虫5头以上；第四代卵盛期在8月下旬至9月上旬，防治指标为百株幼虫10头以上或防治后百株残虫5头以上。

防治措施

（1）**农业防治** 采用上草环法，将稻草或麦秸浸湿，做成直径1.5 ~ 2厘米的草环，在棉铃虫成虫产卵前及幼虫三龄前，把做好的草环用灭多威等杀虫剂与敌敌畏按1 ： 1配成500倍液浸透，然后用工具夹药环套在小麦穗顶端。也可用杨树枝把诱杀成虫。

（2）**生物防治** 重点保护自然天敌利用其控害作用。田间释放赤眼蜂或喷施Bt制剂、核型多角体病毒制剂。

（3）**物理防治** 利用黑光灯、高压汞灯、频振灯、双波灯等进行成虫灯光诱杀或用性诱剂诱杀雄成虫。

（4）**药剂防治** 麦田棉铃虫防治多结合防治黏虫、蚜虫等进行兼治。常用药剂有10%吡虫啉可湿性粉剂1 500倍液、20%灭多威乳油1 500倍液、2.5%氯氰菊酯乳油1 500倍液、50%辛硫磷乳油1 000 ～ 2 000倍液、45%丙·辛乳油1 500倍液、43%辛·氟氯氰乳油1 500倍液。使用化学农药防治时，应注意掌握在棉铃虫卵盛期和初孵幼虫期施药，并且选择不同类别或不同杀虫机理的药剂交替轮换使用，科学使用农药以提高防治效果和保护生态环境。

黑斑潜叶蝇

分类地位 黑斑潜叶蝇（*Cerodonta denticornis* Panler）属双翅目潜蝇科。

为害特点 黑斑潜叶蝇（又叫麦黑斑潜蝇）主要在小麦越冬前和小麦返青后为害小麦的叶片。成虫卵多产于麦苗第一至四片叶或返青后小麦叶片的尖端，少数产于叶缘和叶基。小麦叶片被麦黑斑潜叶蝇成虫产卵器为害后，叶片上半部留下一行较均匀类似于条锈病的淡褐色针孔状斑点，以后逐渐呈黄色小斑点状。卵孵化后，幼虫在苗叶片内上下表皮之间为害。潜食叶肉，仅剩透明的上下表皮，虫道较宽潜痕呈袋状，内有黑色虫，从叶尖到叶中部为害叶片，枯黄或呈水浸状，严重的造成小麦叶片前半段干枯，严重影响光合作用和正常生长（图56）。

黑斑潜叶蝇

图56 麦黑斑潜叶蝇在小麦田间的为害状

形态特征

成虫：体长2毫米，黄褐色。头部黄色，间额褐色，单眼三角区黑色，复眼黑褐色，具蓝色荧光。触角黄色，触角芒不具毛。胸部黄色，背面具一凸形黑斑块，前方与颈部相连，后方至中胸后盾片中部，黑斑中央具V形浅洼；小盾片黄色，后盾片黑褐色。翅透明浅黑褐色。平衡棍浅黄色。各足腿节黄色。腹部5节，背板侧缘、后缘黄色，中部灰褐色生黑色毛；产卵器圆筒形黑色。

卵：长椭圆形，长约1毫米。

幼虫：体长2.5 ~ 3.0毫米，乳白色，蛆状。前气门1对，黑色；后气门1对，黑褐色。各具一短柄，分开向后突出。腹部端节下方具1对肉质突起，腹部各节间散布细密的微刺（图57）。

蛹：长2毫米，浅褐色，体扁，前后气门可见。

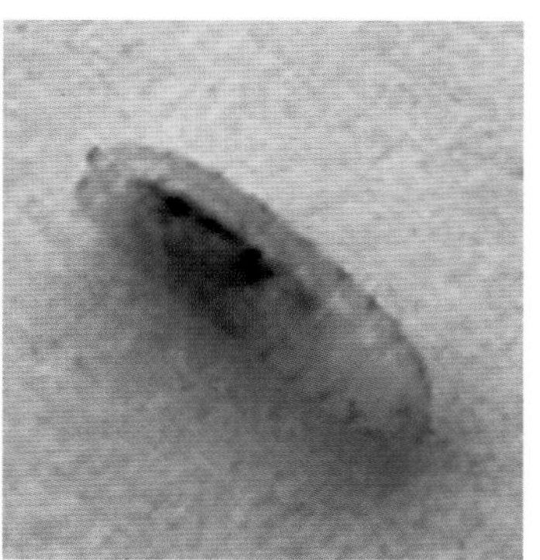

图57　小麦黑斑潜叶蝇幼虫形态

发生特点

发生代数	在北方1年发生2代
越冬方式	以蛹在土中越冬
发生规律	10月中旬成虫交配产卵，11月中旬为第一代幼虫盛发期，11下旬入土化蛹，翌年2月底至3月初羽化，4月中旬为第二代幼虫发生高峰期，也是田间危害盛期，5月初落土化蛹
生活习性	成虫白天活动有飞舞习性，以11：00 ~ 12：00时最盛，温度低于20℃则不活动。无趋光性

防治适期 在返青、拔节期严密监测虫情发生动态，控制成虫产卵，将其消灭在为害之前。

防治措施

（1）**农业防治** 选育抗病优良品种；避免过早播种，适期晚播；加强田间管理，适量使用氮肥，重施磷、钾肥等可减轻为害。

（2）**化学防治**

①防治成虫。每667米^{2}用2.5%敌百虫粉剂2 ～ 2.5千克与细土25千克混匀撒施；每667米^{2}用80%敌敌畏乳油100克加水200 ～ 300克，加细土20千克掺和拌匀撒施；或使用20%甲氰菊酯乳油1 500 ～ 2 000倍液喷雾。

②防治幼虫。用40%毒死蜱乳油50毫升兑水30 ～ 45千克喷雾或用1%阿维菌素3 000 ～ 4 000倍液喷雾，可兼治小麦其他虫害。

麦鞘毛眼水蝇

分类地位 麦鞘毛眼水蝇[*Hydrellia chinensis*]，又名麦水蝇、大麦水蝇、麦鞘潜蝇，属双翅目水蝇科。

为害特点 以幼虫潜入叶鞘为害，抽穗至灌浆期受害严重，叶鞘变白、干枯，叶片倒垂，造成籽粒秕瘦，千粒重下降，严重减产。

形态特征

成虫：雄虫虫体长2.5毫米或略小，雌虫虫体2.5 ～ 3.0毫米。头部灰褐色，触角黑色，触角芒上有侧毛5 ～ 7根，个别8根，以7根为多。下颚须黄色。胸部灰黑色，被黄褐色粉。翅前方微带棕色，翅基淡褐色，平衡棒黄色。足大部黑色，具灰色粉被，中足第一跗节黄棕色至棕色，后足第一跗节黄色至黄棕色。腹部暗褐色，背面观几无粉被，有暗古铜色光泽（图58；图59-A）。

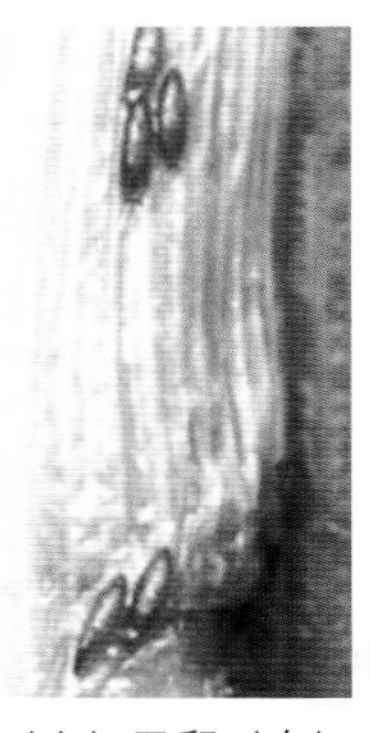

图58 麦鞘毛眼水蝇成虫（左）及卵（右）

卵：长约0.7毫米，宽约0.2毫米，乳白色。卵孔端较钝，具短柄。卵表有纵脊约18条，个别纵脊短，只达卵1/3处；有的纵脊在中间分支，有的分支在近端处与另一纵脊合并（图58和图59-B）。

幼虫：末龄幼虫体长约4.1毫米，白色或微呈淡黄白色，圆柱形，两端较细，18节。腹末端背面有3～4列排列不整齐的褐色刺突，腹末端有2个突起，其上着生长锥状黑褐色气门片。口钩黑褐色，端钩形，基部截形（图59-C）。

蛹：淡灰褐色，长约3.3毫米。体前端背面向前方倾斜，末端有1对向上翘的锥形气门突（图59-D）。

发生特点

发生代数	麦鞘毛眼水蝇在陕西南部、四川等地的小麦上一年可完成两个完整世代，青海、甘肃南部等春麦区，在春麦及青稞上一年发生1代，少量可进入不完整的第二代
越冬方式	以幼虫在小麦和禾本科杂草的叶鞘内越冬
发生规律	第一代（越冬代）成虫盛发期在4月上下旬，产卵盛期在4月中下旬，卵孵化盛期在4月下旬至5月初。第二代成虫生发起在5月中下旬，小麦收获后，大部分成虫就迁飞到甘肃南部及青海等地，只有少数成虫在当地海拔1 000米以上的地方越夏。到了10月中下旬成虫又迁回到陕西汉中市和四川等地的麦田，10月下旬为成虫高峰期，11月上旬为产卵高峰期，11月中下旬达孵化盛期，初孵幼虫钻入小麦及禾本科杂草的叶鞘中取食并越冬
生活习性	成虫有趋嫩、趋黄色、弱趋光习性，喜潮湿，需补充营养

防治适期 苗期以早播田为重点，凡有卵株率达10%以上的田块应列为防治田。穗期以晚播田为重点，百株卵量达800～1 000粒，生长嫩绿、近蜜源植物、长势好、正在孕穗的适熟麦田为防治田。

防治措施

（1）**农业措施**　适当提早播期，选种既高产、生育期又较短的品种，均可减轻为害。

（2）**药剂防治**　可选用40%氧化乐果乳油2 000倍液、40%乐果乳油2 000倍液、1.5%乐果粉剂每667米^2 1.5千克、50%杀螟硫磷乳油1 500～2 000倍液、36%克螨蝇1 000倍液。苗期卵孵化率达40%～50%时，喷一次药即可；穗期卵孵化率40%～50%时喷一次，特重田块应于卵孵化率为20%时喷一次药，隔5～6天再喷一次。

易混淆的害虫

区别	麦鞘毛眼水蝇	大麦黄潜蝇
成虫	体暗褐色，小盾片与体色相同；翅前缘有两断折，具臂室；触角芒有分支	体黑色，小盾片黄色；翅前缘有一断折，无臂室；触角芒无分支
幼虫	体圆筒形，白色或微呈淡黄白色；后气门突生于体末端	纺锤形，淡黄白色；后气门突生于体节上方
为害状	叶鞘被害变色部位呈片状，内无黑色粪便	叶鞘被害变白呈线状，内有黑色粪便

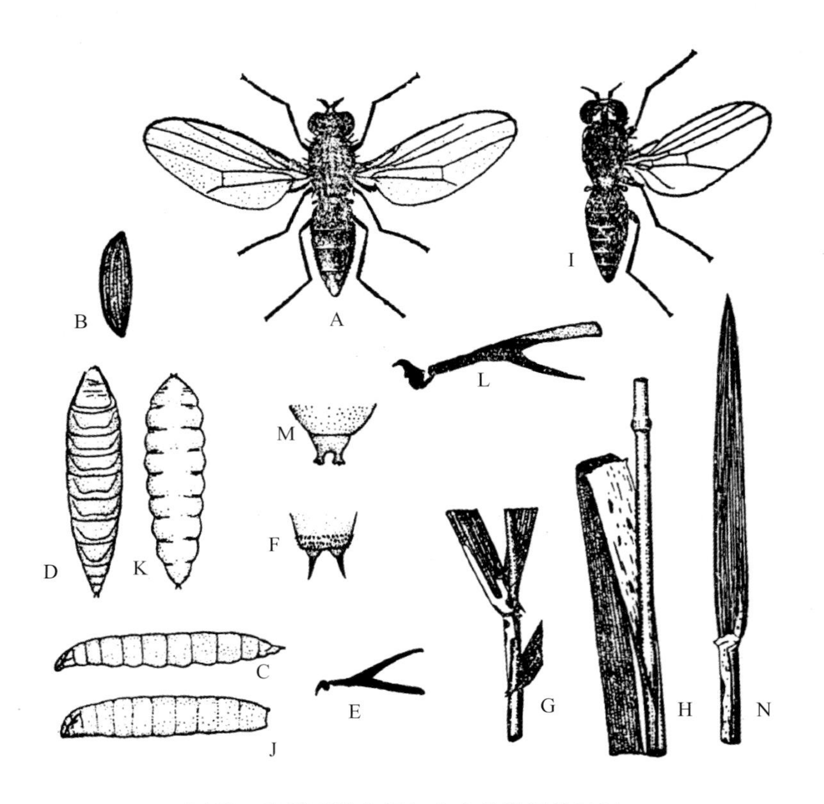

图59　麦鞘毛眼水蝇与大麦黄潜蝇的区别

A. 麦鞘毛眼水蝇成虫　B. 麦鞘毛眼水蝇卵　C. 麦鞘毛眼水蝇幼虫　D. 麦鞘毛眼水蝇蛹　E. 麦鞘毛眼水蝇口钩　F. 麦鞘毛眼水蝇幼虫后气门突　G. 麦鞘毛眼水蝇越冬代为害状　H. 麦鞘毛眼水蝇第一代为害状　I. 大麦黄潜蝇成虫　J. 大麦黄潜蝇幼虫　K. 大麦黄潜蝇蛹　L. 大麦黄潜蝇口钩　M. 大麦黄潜蝇幼虫后气门突　N. 大麦黄潜蝇为害状

麦秆蝇

分类地位 麦秆蝇（*Meromyza saltatrix* Linnaeus），属双翅目黄潜蝇科，是我国北部春麦区及华北平原中熟冬麦区的主要害虫之一。

为害特点 麦秆蝇幼虫钻入小麦等寄主茎内蛀食为害，初孵幼虫从叶鞘或茎节间钻入麦茎，或在幼嫩心叶及穗节基部1/5 ~ 1/4处呈螺旋状向下蛀食，形成枯心、白穗、烂穗，不能结实。由于幼虫蛀茎时被害茎的生育期不同，可造成下列四种被害状：分蘖拔节期受害，形成枯心苗，如主茎被害，则促使无效分蘖增多而丛生，人们常称之为“下退”或“坐罢”；孕穗期受害，因嫩穗组织破坏并有寄生菌寄生而腐烂，造成烂穗；孕穗末期受害，形成坏穗；抽穗初期受害，形成白穗。其中，除坏穗外，在其他被害情况下被害茎完全无收（图60）。

图60 麦秆蝇的为害状
（引自《中国农作物病虫害》）

形态特征

成虫：雄虫体长3.0 ~ 3.5毫米，雌虫体长3.7 ~ 4.5毫米。体黄绿色。复眼黑色，有青绿色光泽。单眼区褐斑较大，边缘越出单眼之外。下颚须基部黄绿色，端部2/3部分膨大成棍棒状，黑色。翅透明，有光泽，翅脉黄色。胸部背面有3条黑色或深褐色纵纹，中央的纵线前宽后窄直达梭状部的末端，其末端的宽度大于前端宽度的1/2，两侧纵线各在后端分为二叉。越冬代成虫胸背纵线为深褐至黑色，其他世代成虫则为土黄至黄棕色。腹部背面亦有纵线，其色泽在越冬代成虫与胸背纵线相同，其他世代成虫腹背纵线仅中央一条明显。足黄绿色，跗节暗色。后足腿节显著膨大，内侧有黑色刺列，胫节显著弯曲（图61-A和图62）。

卵：长椭圆形，两端瘦削，长约1毫米。卵壳白色，表面有10余条纵纹，光泽不显著（图61-B）。

幼虫：末龄幼虫体长6.0 ~ 6.5毫米。体蛆形，细长，呈黄绿色或淡黄绿色。口钩黑色。前气门分支，气门小孔数为6 ~ 9个，多数为7个（图61-C）。

蛹：围蛹。雄蛹体长4.3 ~ 4.8毫米，雌蛹体长5.0 ~ 5.3毫米。体色初期较淡，后期黄绿色，通过蛹壳可见复眼、胸部及腹部纵线和下颚须端部的黑色部分。口钩色泽及前气门分支和气门小孔数与幼虫相同（图61-D）。

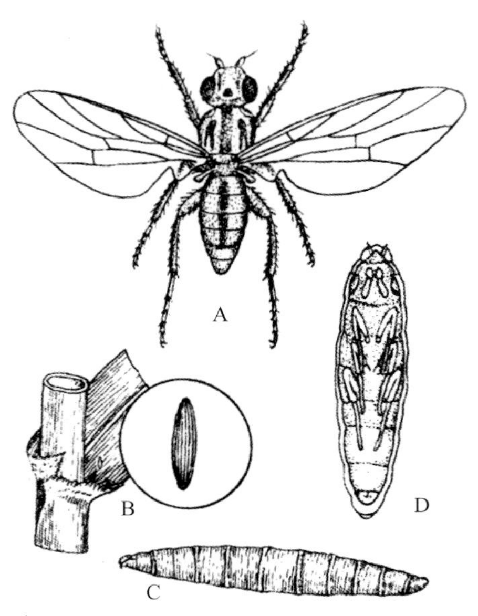

图61　麦秆蝇

A.成虫　B.产在小麦叶面基部的卵　C.幼虫　D.蛹

（引自南京农业大学等编《农业昆虫学》）

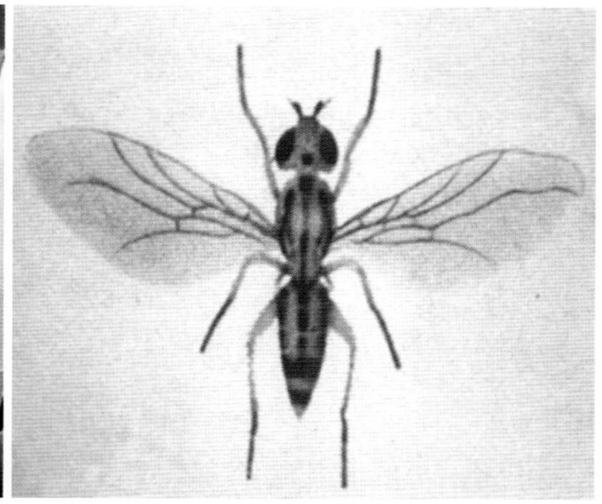

图62 麦秆蝇成虫

发生特点

发生代数	在华北春麦区一年发生2代，冬麦区一年发生3 ~ 4代，在晋南冬麦区，麦秆蝇一年发生4代
越冬方式	在华北春麦区在根茎部、土缝中或杂草上越冬，在晋南冬麦区以幼虫在麦苗或野生寄主内越冬
发生规律	在内蒙古西部，越冬代成虫一般于5月下旬末至6月上旬开始大量发生，盛发期延续到6月中旬。越冬代成虫产卵前期为1 ~ 19天，平均5.5天，产卵期1 ~ 22天，平均11.1天，每雌平均产卵11.8粒，最高41粒，卵均散产，大多产在叶面基部。卵经4 ~ 7天孵化，盛孵期在6月上中旬。幼虫经20余天成熟化蛹。第一代蛹期为3 ~ 12天，平均9.9天，7月中旬为化蛹盛期。第一代成虫于7月下旬羽化，一般在麦收时已大部分羽化离开麦田，转移到野生寄主上产卵寄生以准备越冬。在晋南冬麦区越冬代成虫羽化盛期为4月中下旬，在返青的冬麦上产卵孵化寄生为害。第一代成虫羽化时，冬麦已达生育后期，第二、三代幼虫寄生于冬麦的无效分蘖、春小麦、落粒麦苗或野生寄主上，不影响产量。第三代成虫羽化后，在秋播麦苗或野生寄主上产卵孵化寄生至越冬，在冬季较暖之日仍能活动取食
生活习性	成虫喜光，于早晚及夜间栖息于叶片背面，且多在植株下部

防治适期 麦秆蝇的虫情调查多采用系统扫网（网口直径33厘米，网深57厘米，网柄长100厘米），并结合查卵，掌握春麦区越冬代成虫和冬麦区秋苗成虫盛发的始期，以确定防治适期。具体方法为：春麦区从5月1日起，每日上午10：00左右，在选定的有代表性麦田内均匀取样20点，每点扫10复网，共扫200复网，检查记载成虫数，当每100复网捕得成虫

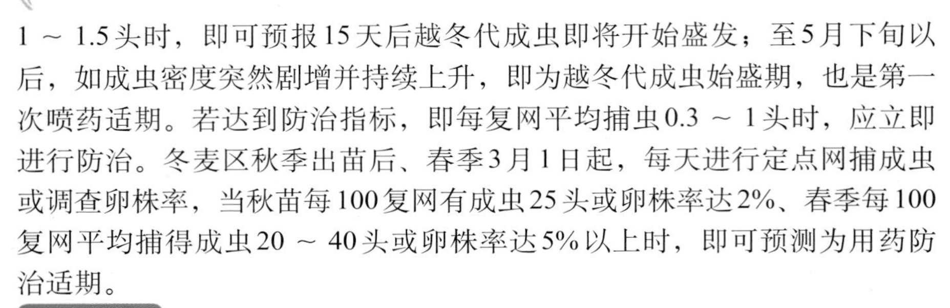

1 ～ 1.5头时，即可预报15天后越冬代成虫即将开始盛发；至5月下旬以后，如成虫密度突然剧增并持续上升，即为越冬代成虫始盛期，也是第一次喷药适期。若达到防治指标，即每复网平均捕虫0.3 ～ 1头时，应立即进行防治。冬麦区秋季出苗后、春季3月1日起，每天进行定点网捕成虫或调查卵株率，当秋苗每100复网有成虫25头或卵株率达2%、春季每100复网平均捕得成虫20 ～ 40头或卵株率达5%以上时，即可预测为用药防治适期。

防治措施

（1）**农业防治**　加强小麦的栽培管理。因地制宜，深翻土地，精耕细作，增施肥料，适时早播，适当浅播，合理密植，及时灌排等一系列丰产措施，可促进小麦生长发育，避开危险期，造成不利于麦秆蝇的生活条件，避免或减轻受害。

（2）**化学防治**

①加强麦秆蝇预测预报。及时进行田间调查，掌握施药适期，指导防治。

②药剂防治。根据各测报点逐日网扫成虫结果，在越冬代成虫开始盛发并达到防治指标，尚未产卵或产卵极少时，据不同地块的品种及生育期，进行第一次喷药，隔6 ～ 7天后视虫情变化，对生育期晚尚未进入抽穗开花期、植株生长差、虫口密度仍高的麦田继续喷第二次药。每次喷药必须在3天内突击完成。

可用药剂、方法和用量为：2.5%敌百虫粉剂或1.5%乐果粉剂，每667米^{2}喷撒1.5千克。如麦秆蝇已大量产卵，及时喷洒36%克螨蝇乳油1 000 ～ 1 500倍液、80%敌敌畏乳油与40%乐果乳油按1 ∶ 1混合后兑水1 000倍液、10%吡虫啉可湿性粉剂3 000倍液或25%速灭威可湿性粉剂600倍液，每667米^{2}喷兑好的药液50 ～ 75升，争取把卵控制在孵化之前。

麦种蝇

分类地位　别名冬作种蝇、瘦腹种蝇，学名*Delia coarctata* Fallén，属双翅目花蝇科。

为害特点　幼虫为害麦茎基部，造成心叶青枯，后黄枯死亡，致田间出现缺苗断垄或造成毁种（图63）。

图63 麦种蝇危害小麦

形态特征

成虫：雄体长5 ~ 6毫米，暗灰色。头银灰色，额窄，额条黑色。复眼暗褐色，在单眼三角区的前方，间距窄，几乎相接。触角黑色，第三节为第二节的2倍，触角芒长于触角。胸部灰色。翅略带暗色，翅脉暗褐色。平衡棒黄色。足黑色。腹部上下扁平，狭长细瘦，较胸部色深。雌体长5 ~ 6.5毫米，体色较雄虫为淡，灰黄色。复眼间距较宽，约为头的1/3，腹部较雄虫粗大，略呈卵形，后端尖，其他与雄虫相同（图64-A）。

卵：长椭圆形，长1 ~ 1.2毫米，略弯，初乳白色，后变浅黄白色，具细小纵纹。

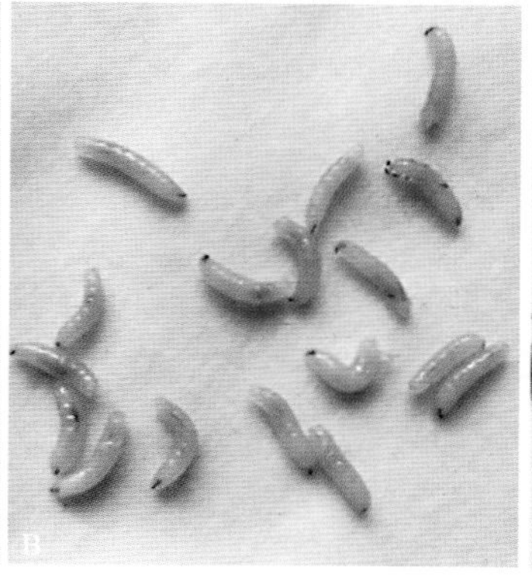

图64 麦种蝇
A.成虫 B.幼虫 C.蛹

幼虫：体长6 ～ 6.5毫米，蛆状，乳白色，老熟时略带黄色，头极小，口钩黑色，尾部如截断状，具6对肉质突起，第一对在第二对稍上方，第六对分叉（图64-B）。

蛹：围蛹，纺锤形，长5 ～ 6毫米，宽1.5 ～ 2毫米。初为淡黄色，后变黄褐色，两端稍带黑色，羽化前黑褐色，稍扁平，后端圆形有突起（图64-C）。

发生特点

发生代数	甘肃庆阳一年发生1代
越冬方式	以卵在土内越冬
发生规律	翌年3月越冬卵孵化为幼虫，初孵幼虫栖息在植株茎秆、叶及地面上，先在小麦茎基部钻一小孔，钻入茎内，头部向上，蛀食心叶组织成锯末状。幼虫耐饥力强，每头幼虫只为害1株小麦，无转株为害习性。幼虫活动为害盛期在3月下旬至4月上旬，幼虫期30 ～ 40天。4月中旬幼虫爬出茎外，钻入6 ～ 10厘米土中化蛹，4月下旬至5月上旬为化蛹盛期，蛹期21 ～ 30天。6月初蛹开始羽化，6月中旬为成虫羽化盛期。6月上中旬，小麦已近成熟，成虫即迁入秋作物杂草上活动，吸食花蜜。生长稠密、枝叶繁茂、地面覆盖隐蔽及湿度大的环境中，该蝇迁入多。7月、8月为成虫活动盛期。成虫交配后，雄虫不久死亡。雌虫9月中旬开始产卵，卵分次散产于土壤缝隙及疏松表土下2 ～ 3厘米处。每雌产卵9 ～ 48粒，产卵后即死亡，10月雌虫全部死亡
生活习性	成虫早晨、傍晚、阴天活动性强，中午温度高时，多栖息荫蔽处不大活动。秋季气温低时，则中午活动，早晚不甚活动。

防治适期 一般不需防治，个别情况下发生量大时，可于成虫发生期喷药防治。

防治措施

（1）**土壤处理** 播种前结合平整土地用敌百虫兑细土撒施，或用50%辛硫磷乳油1.5千克，兑水2.5升，混匀后喷拌在20千克干土上，制成毒土撒施。

（2）**田间喷药** 在小麦出苗后成虫发生期，可喷洒50%辛硫磷乳油1 000倍液、36%克螨蝇乳油1 000 ～ 1 500倍液、80%敌敌畏乳油1 000倍液，每667米^{2}喷兑好的药液75千克。也可选用其他有机磷或菊酯类农药品种喷雾防治。

草地贪夜蛾

分类地位 草地贪夜蛾（*Spodoptera frugiperda*）又称秋黏虫。属鳞翅目夜蛾科。

为害特点 草地贪夜蛾以幼虫咬食叶片为害，低龄幼虫从叶鞘处钻入，在新叶背面取食，叶面展开后形成半透明天窗、孔洞和排孔，幼虫也可取食小麦叶片的嫩绿部位，取食后叶片形成不规则的长形孔，高密度田块形成缺苗断垄，甚至毁种（图65）。杨现明等（2019）云南田间调查显示为害时期可从小麦苗期持续至灌浆期。苗期、分蘖期多为低龄幼虫为害，拔节期低龄、高龄幼虫均有为害，抽穗、灌浆期多为高龄幼虫为害，高龄幼虫比率随着小麦生育期的推进而增大。

图65 草地贪夜蛾在小麦上造成的危害

温馨提示

起源于美洲热带和亚热带地区，是联合国粮农组织（FAO）全球预警的迁飞性重大农业害虫。2019年1月入侵我国云南，并在我国继续扩散为害，截至2019年10月8日，除东北三省、新疆、青海、内蒙古外，已在我国26省（区、市）1518个县（区、市）发生和为害，寄主作物玉米、小麦、甘蔗、高粱、谷子、大麦、青稞、花生、马铃薯、油菜、辣椒、白菜、燕麦、糜子、生姜、香蕉、薏仁、竹芋、莪术、水稻等26种作物，严重威胁着我国的农业生产和粮食安全。

形态特征

成虫：翅展32～40毫米，雌雄蛾前翅特征差异明显。雌蛾前翅灰褐色，斑纹不明显，圆形斑和肾形斑轮廓线黄褐色，内线、外线、亚缘线色浅。雄虫前翅色彩杂，具黑斑和浅色暗纹，翅顶角向内有1个三角形白斑，圆形斑后侧自外缘至中室有1条淡黄色的斜纹，肾形斑内侧有白色楔形纹；后翅透明银白色，前缘和外缘具黑色边，翅脉棕色。雌雄前足基部均膨大，雄虫较雌虫明显（图66）。

图66　成虫

A.雄虫　B.雌虫　C.田间休息的雌虫

卵：卵块表面有时覆盖白色绒毛，卵块具100～200粒卵，卵直径0.4毫米，高约0.3毫米，底部扁平，呈圆顶形，卵粒表面具放射状花纹，并具有光泽。初产卵粒为淡绿色，逐步变为褐色至黑色，卵壳为白色（图67）。

幼虫：一般有6个龄期，体色多变，常见墨绿色、褐色、淡黄色、灰黑色。口器下口式。单眼6个，位于头部两侧前胸背面骨化成前胸盾，背侧有白色纵线，与头部的白色蜕裂线、傍额片形成倒Y形纹，前胸盾于头部相融合，即将蜕皮时与头部分离。体表具黑色或褐色毛瘤，每个毛瘤附着灰黑色原生刚毛1根，偶见2根，第八腹节背侧的4个毛瘤排列成正方形。气门椭圆形。胸足3对，低龄幼虫为灰色，高龄幼虫一般为黄褐色，但幼虫体色多变腹足4对，基部为灰色。一至二龄幼虫自相残杀习性不明显，可聚集为害，三至六龄幼虫自相残杀习性明显，逐渐分散为害（图68-A至图68-E）。

蛹：化蛹初期体色淡绿色，逐渐变为红棕色至黑褐色。椭圆形。体长15～17毫米，体宽45毫米。第二至第七腹节气门呈椭圆形，开口向后方，围气门片黑色，第八腹节两侧气门闭合。第五至第七腹节可自由活动，后缘颜色较深，第四至七腹节前缘具磨砂状刻点。腹部末节具两根臀棘，臀棘基部较粗，分别向外侧延伸，呈“八”字形，臀棘端部无倒钩或弯曲（图68-F）。

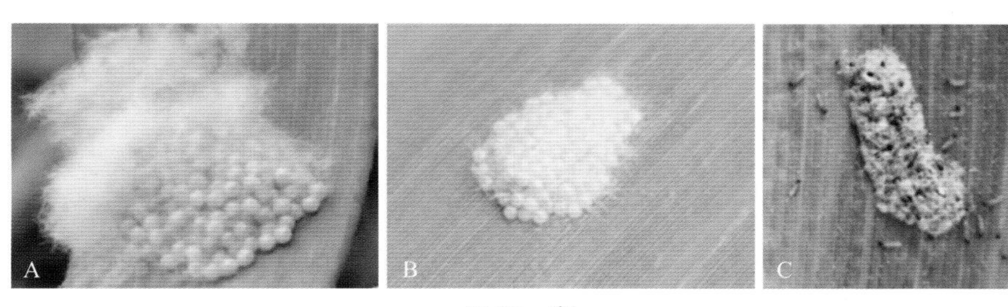

图67　卵

A.覆毛卵块和卵粒　B.少量覆毛卵块　C.初孵幼虫扩散

图68　幼虫和蛹

A.一龄幼虫　B.二龄幼虫　C.三龄幼虫　D.四龄和五龄幼虫　E.六龄幼虫　F.蛹

发生特点

发生代数	在各地的发生代数因纬度而异，根据草地贪夜蛾的发育起点温度和有效积温推测草地贪夜蛾在我国东半部发生代数与粘虫类似划分5个区域，如：北纬39°以北包括东北、被蒙古东南部、河北东北部、山东东部、山西中北部、北京等地，发生2～3代；北纬36°～39°，包括山东西北部、河北中西南部、山西东部、河南东北部、天津等地等，发生3～4代；北纬33°～36°，包括江苏、上海、安徽、河南中南部、山东南部、湖北北部等地，发生4～5代；北纬27°～33°，包括湖北中南部、湖南、江西、浙江、福建北部、江苏和安徽南部等地，发生5～6代；北纬27°以南，广东和广西南部、福建东部和南部、海南、台湾等地，发生6～8代
越冬方式	以幼虫和蛹在寄主植物上越冬
发生规律	无滞育性，在条件适合时可终年繁殖。在我国东半部地区的越冬北界位于北纬32°~34°。在此界线以北的华北、东北和华东、中南的部分地区，冬季日平均温度等于或低于0℃的天数在30天以上时，不能越冬。4~5月随西南气流向北迁飞为害
生活习性	成虫具有远距离迁飞习性

防治适期 幼虫三龄前进行化学防治。此外，根据草地贪夜蛾幼虫取食特点，建议在清晨或傍晚施药。通过灯诱、性诱技术诱杀成虫，来减少田间产卵量。

防治措施 建议按照“长短结合、标本兼治”的原则，以生态控制和农业防治为基础，生物防治和理化诱控为重点，化学防治为底线，实施“分区治理、联防联控、综合治理”策略。

（1）**农业防治** 利用植物多样性，保持田间植物的多样化有利于减少草地贪夜蛾的危害，并为自然天敌提供栖息场所。利用“推拉”伴生种植策略（“Push-Pull” companion cropping/趋避—诱集技术），防治草地贪夜蛾已经在非洲国家取得很好的成效。根据草地贪夜蛾的产卵选择性，可在小麦田周围种植田间诱集植物如玉米，进行集中防控。

（2）**诱杀成虫** 利用灯诱、性诱、食诱等技术，对成虫进行诱杀，通过控制成虫数量，来减少产卵量。

（3）**化学防治** 参考黏虫防治指标，当一类麦田每平方米有虫达25头、二类麦田10头，应及时进行化学防治。用药种类用药时，要充分考虑化学农药给人类健康、环境安全和生物样性带来的影响，避免使用高毒农药。在抗性风险的治理方面，要通过药剂品种时间和空间上的布局实施预防。目前农业农村部推荐的草地贪夜蛾应急防治用药品种如下：

单剂：甲氨基阿维菌素苯甲酸盐、茚虫威、四氯虫酰胺、氯虫苯甲酰胺、高效氯氟氰菊酯、氟氯氰菊酯、甲氰菊酯、溴氰菊脂、乙酰甲胺磷、虱螨脲、虫螨腈、甘蓝夜蛾核型多角体病毒、苏云金杆菌、金龟子绿僵菌、球孢白僵菌、短稳杆菌。

复配制剂：甲氨基阿维菌素苯甲酸盐·茚虫威、甲氨基阿维菌素苯甲酸盐·氟铃脲、甲氨基阿维菌素苯甲酸盐·高效氯氟氰菊脂、甲氨基阿维菌素苯甲酸盐·虫螨腈、甲氨基网维菌素苯甲酸盐·虱螨脲、甲氨基阿维菌素苯甲酸盐·虫酰肼、氯虫苯甲酰胺·高效氯氟氰菊酯、除虫脲·高效氯氟氰菊酯。

易混淆的害虫

草地贪夜蛾与其他4种夜蛾成虫的形态特征比较

种类	翅展（毫米）	雌雄前翅是否有差异	前翅有无特殊颜色	是否有斜纹	顶角特征	后翅特征	雄雄外生殖
草地贪夜蛾 *Spodoptera frugiperda*	32~40	是	无	自外缘经圆形斑至中室有1条淡黄色斜纹	顶角向内有1个三角形的白斑	白色	抱器瓣几乎呈方形，阳茎端基环骨化程度弱
旋歧夜蛾 *Anarta trifolii*	31~38	否	无	圆形斑斜向后缘常形成1条黄白色斜纹，斜纹短，不达翅缘	无明显特征	基部灰白色，端部1/3黑褐色	抱器瓣末端呈棒状
陌夜蛾 *Trachea atriplicis*	45~52	否	墨绿色	圆形斑后方有1戟形白纹	无明显特征	基部淡褐色，端部暗褐色	抱器瓣呈肘状弯曲
甘蓝夜蛾 *Mamestra brassicae*	40~50	否	无	无	无明显特征	基部淡褐色，端部暗褐色	抱器瓣末端呈鸟头状
斜纹夜蛾 *Spodoptera litura*	33~35	否	蓝色	从前缘经圆形斑和肾形斑之间有1灰白斜纹达2、3脉基部	从顶角向内，在外线与亚缘线间有紫灰色的条带。	白色	抱器瓣几乎呈方形，阳茎端基环骨化程度强

麦穗夜蛾

分类地位 麦穗夜蛾（*Apamea sordens* Hüfnagel），属鳞翅目夜蛾科剑纹夜蛾亚科秀夜蛾属。

为害特点 以初龄幼虫钻入麦粒内为害，四龄以后开始转移分散，白天潜伏，夜晚取食。以海拔2 000 ～ 3 000米种植小麦、青稞地区受害最为严重。一般发生减产5%～ 10%，严重发生时可减产50%以上（图69）。

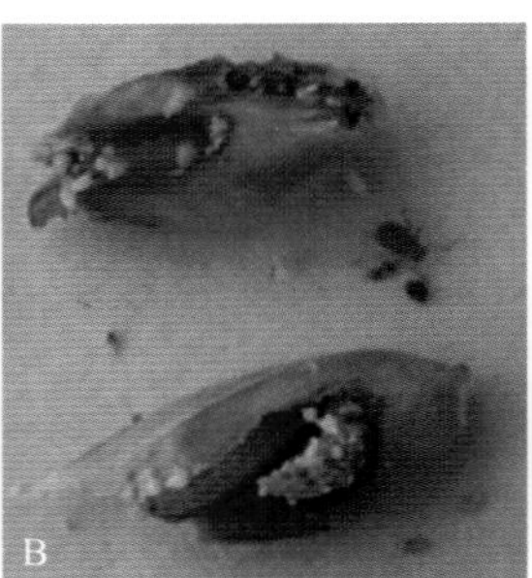
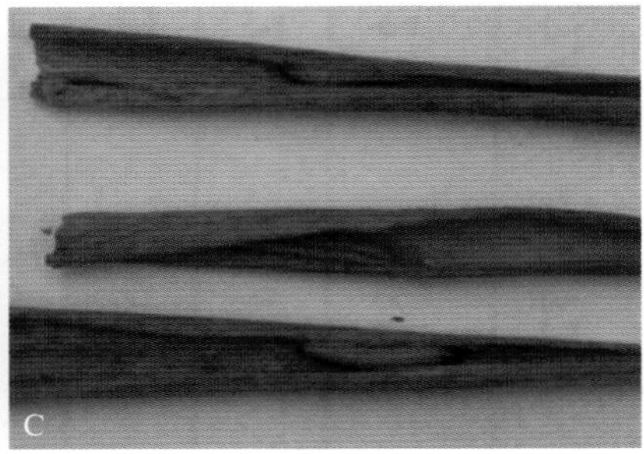

图69　麦穗夜蛾为害状

A.幼虫为害小麦穗部　B.幼虫取食小麦籽粒　C.四龄幼虫在卷叶中

（引自《中国农作物病虫害》）

形态特征

成虫：体长16 ～ 19毫米，前翅长约17毫米，翅展40 ～ 42毫米，体灰褐色，足暗褐色。下唇须上举，第二节灰褐色，第三节短，淡褐色；触角暗褐色，覆灰褐色鳞片。前翅基线黑色齿状；内线黑褐色波形，内侧色淡；外线黑褐色且细，波齿形，外侧色淡，中室外侧至前缘段略外凸；内、外线间色较暗；亚缘线灰褐色波齿形，内侧中部色较暗；基剑纹黑色明显；环状纹、肾状纹褐色具黑边，肾状纹内侧前缘至下部色较暗；剑状纹灰褐色，外有黑边，缘线黑褐色锯齿形，缘毛灰褐色。后翅淡灰褐色，中线黑褐色且细，或不明显；缘线同前翅。反面前翅灰褐色，前缘及外缘色淡，外线黑褐色隐约可见；后翅淡灰褐色，横脉上有黑色小斑，外线黑褐色波齿形，较粗；前后翅的外缘均有一列黑褐色小点。雌性成虫触角丝状，雄性成虫触角为栉齿状（图70-A）。

卵：圆球形，平均直径0.57毫米，初产时乳白色，后转为橘黄色至略带灰色，一般堆产成块。卵表面具花纹，第一层呈菊花花瓣形，第二层呈不规则状。

幼虫：老熟幼虫体长约30 ~ 35毫米，体宽5毫米，头宽1.5毫米。头部黄褐色，中央有一深褐色的“八”字纹。颅侧区有深褐色的网状纹，前胸背板和臀板由背线及亚背线分成4块深褐色条斑。虫体灰褐色，腹面灰白色，背线白色，明显；亚背线、气门上线隐约可见。腹足与胸足均为淡黄色，腹足具全趾钩单序中带（图70-B至图70-D）。

蛹：被蛹，长18 ~ 21毫米，宽6毫米，黄褐色至棕红色。第四节背面与腹部第五至七节前缘具有小而分布较稀的凹刻点，越接近背中央刻点越密越深，腹部末端微延长，其上有3对稍弯曲的黑粗刺，中间1对较粗大，红褐色，其余2对较细，橘黄色。

图70 麦穗夜蛾形态图

A.成虫 B—C.幼虫及排泄物 D.小麦打碾后的幼虫

（引自《中国农作物病虫害》）

发生特点

发生代数	麦穗夜蛾在青海省一年发生1代
越冬方式	以老熟幼虫在田间、地埂、打麦场边和仓库墙根等处的表土下越冬
发生规律	4月间越冬幼虫出蛰活动，4月底至5月中旬爬至土表吐丝结茧化蛹，预蛹期6～11天。5月初开始化蛹，5月中旬为化蛹盛期，通常6月上旬结束，蛹期50天左右。5月底初见成虫，6月下旬进入高峰期，6～7月正值小麦抽穗时为其盛发期。成虫白天潜伏于麦株、草丛的下部，自黄昏开始活动，吸食小麦、油菜、马莲等花粉，进行交尾产卵。成虫羽化后3天左右交尾，5～6天后产卵，雌蛾一夜产卵3次，每次产3～24粒，除个别单产外，一般块产。卵块一般由几粒或十几粒在一起，以7～11粒者常见，最多者可达38粒。每块卵具胶质物黏合成块。卵多产于小麦的第一小穗至第四小穗内颖外侧，护颖及外颖缝隙间也有少数卵块。每只雌成虫产卵量达400～500粒。卵期6～13天，7月上旬以后幼虫开始孵化并进入为害期，幼虫期长达10个月
生活习性	成虫喜食糖、醋、酒等，有趋光性

防治措施

（1）**农业防治**

①深翻土地。虫害发生严重的地区或田块，封冻前深耕翻土，破坏幼虫越冬场所，消灭部分幼虫，降低越冬虫口基数，减少翌年为害。

②轮作倒茬。麦穗夜蛾主要为害麦类作物，因此，要尽量避免麦穗夜蛾嗜好的作物连作，一般应与马铃薯、油菜、豌豆、中药材等作物轮作，切断其食物链，控制其为害。

③设置诱集带。在小麦田四周及地中间按规格种植青稞或早熟小麦，则能诱集成虫产卵，待成虫于诱集带上产卵后幼虫转移前，将诱集带及时拔除销毁或喷药杀死幼虫，就会大大减少虫源达到保护大田小麦使其不受麦穗夜蛾为害的目的。

（2）**生物防治** 在成虫发生期间，用麦穗夜蛾性诱剂诱杀雄蛾，诱芯呈S形分布于田间，一般每个性诱剂诱芯可控制667米^{2}地，每个诱芯使用时间为15天左右。使用时应注意性诱剂要高出作物生长点20～50厘米，将硅胶或橡胶诱芯用细铁丝穿起悬挂于盆口中心处，诱芯距离水面0.5～1.0厘米，每日傍晚及时向水盆补水及洗衣粉，从而降低成虫交配概率和幼虫密度。

（3）**物理防治**

①杀虫灯诱杀。利用该虫的趋光性，在6月上旬至7月下旬悬挂频振式杀虫灯，呈棋盘式或闭环式分布，以诱杀成虫，减少田间落卵量。

②糖醋液诱杀。按糖6份、醋3份、白酒1份、水10份、90%敌百虫原药1份调匀装在盆里，于成虫发生期放在田间四周，每667米^{2}放3～4盆，每5～7天换一次糖醋液。每天早上捡去死虫，盖上诱盆，以防日晒雨淋而失效，傍晚再把盆盖掀开以诱杀成虫。

（4）**化学防治** 用化学农药防治该虫，应掌握多数幼虫发育在四龄前进行，可选用或轮用下面药剂：每667米^{2}用80%敌敌畏乳油30毫升兑水喷雾，防治效果为77%～93%；每667米^{2}用2.5%敌杀死乳油40毫升兑水喷雾，防治效果为90%～93%；每667米^{2}用50%辛硫磷乳油50毫升兑水喷雾，防治效果为60%～85%。小麦收割时要注意杀灭麦捆底下的幼虫，可在麦堆地面喷80%敌敌畏乳油1 000倍液或52.25%毒·氯乳油1 000倍液，做到随收随喷，可杀灭老熟幼虫，减少越冬虫量，降低翌年为害。

麦茎谷蛾

分类地位 麦茎谷蛾（*Ochsencheimeria taurella*），别名麦螟、钻心虫、蛀茎虫等，属鳞翅目夜蛾科。

为害特点 麦茎谷蛾为害小麦、大麦和青稞，还能为害禾本科杂草。以幼虫蛀食穗节基部造成白穗、枯孕穗或虫伤株。

形态特征

成虫：雄成虫体长5.9～6.6毫米，翅展约10.4毫米；雌成虫体长7.1～7.9毫米，翅展约13.5毫米。全体密布粗鳞片，头顶密布灰黄色长毛，触角丝状。前翅长方形，具粗鳞毛，灰褐色，外缘有灰褐色细毛。后翅稍宽于前翅，沿前缘有白色剑状斑，外缘与后缘有灰白色缘毛（图71-A）。

卵：长椭圆形，长约1毫米（图71-C）。

幼虫：细长圆筒形，老熟幼虫体长10.5～15.2毫米。初龄幼虫白色，二龄以后变为黄白色。前胸及腹部第一至八节的气孔周围均具黑斑，中、后胸也各具一黑斑，第十腹节背面有横列小黑点4个（图71-B）。

蛹：纺锤形，长7～10.5毫米，初为黄白色，羽化前黄褐色（图71-D）。

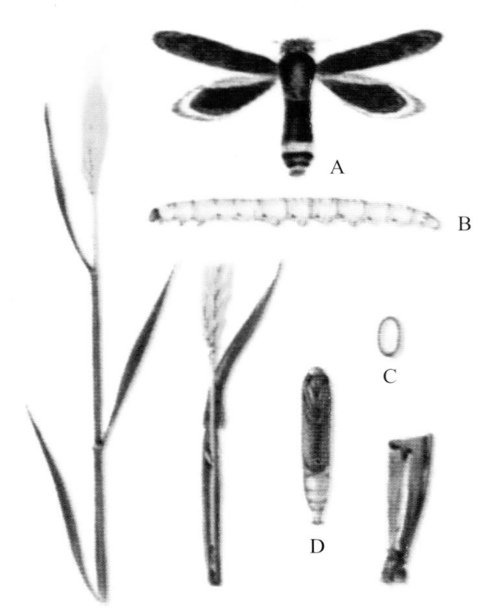

图71 麦茎谷蛾形态模式图
A.成虫 B.幼虫 C.卵 D.蛹

发生特点

发生代数	在我国北方一年发生1代
越冬方式	以低龄幼虫在小麦心叶内越冬
发生规律	小麦返青后开始为害，5月中下旬幼虫老熟，多在被害小麦旗叶的叶鞘内化蛹，也有少数在第二叶鞘内化蛹的。蛹期约20天。成虫羽化期与小麦成熟期一致，时间在5月下旬至6月上旬，羽化较整齐。成虫历期约10天，羽化多在白天，以上午为多
生活习性	成虫白天活动，有飞舞习性，以11：00 ～ 12：00最盛，温度低于20℃则不活动，无趋光性

防治适期 4月上中旬幼虫大量爬出活动及转株为害时进行药剂防治，防效最佳。

防治措施

（1）**诱杀成虫** 在成虫羽化盛期，于屋檐下每隔2 ～ 3米吊挂皱褶的牛皮纸条块或旧麻袋条及粗糙的编织物等，夜里诱集成虫，翌晨集而杀之。

（2）**化学防治** 4月上中旬幼虫大量爬出活动及转株为害时进行药剂防治。可用90%敌百虫可溶性粉剂1 000倍液、80%敌敌畏乳油1 000 ~ 2 000倍液或用3%啶虫脒乳油每公顷300 ~ 450毫升兑水1 125升喷雾。

斑须蝽

分类地位 斑须蝽（*Dolycoris baccarum* Linnaeus），别名细毛蝽、臭大姐，属半翅目蝽科。

为害特点 以成虫和若虫刺吸作物嫩叶、嫩茎及穗部汁液。麦叶受害后先出现白斑，继而变黄。受害轻时，麦株矮小，麦穗少而小；受害严重时不能抽穗，麦株干枯而死。成虫和若虫刺吸嫩叶、嫩茎及穗部汁液。茎叶被害后，出现黄褐色斑点，严重时叶片卷曲，嫩茎凋萎，影响生长，减产减收（图72）。

斑须蝽

图72 斑须蝽田间为害状
A.初孵若虫为害麦穗 B.成虫刺吸穗部汁液 C.成虫刺吸嫩叶

形态特征

成虫：体长8 ~ 13.5毫米，宽5.5 ~ 6.5毫米，椭圆形，黄褐色或紫褐色。头部中叶稍短于侧叶，复眼红褐色；触角5节，黑色，每节基部和端部淡黄色，形成黑黄相间。前胸背板前侧缘稍向上卷，浅黄色，后部常带暗红色。小盾片三角形，末端钝而光滑，黄白色。前翅革片淡红褐色或暗红色，膜片黄褐色，透明，超过腹部末端。足黄褐色，腿节、胫节密布黑色刻点。腹部腹面黄褐色，具黑色刻点（图73-A）。

卵：长约1毫米，宽约0.75毫米，桶形，初产浅黄色，后变赭灰黄色，卵壳有网纹，密被白色短绒毛（图73-B）。

若虫：略呈椭圆形，腹部每节背面中央和两侧均有黑斑。高龄若虫头、胸部浅黑色，腹部灰褐色至黄褐色，小盾片显露，翅芽伸至第一至四可见节的中部（图73-B）。

图73　斑须蝽形态图
A.成虫　B.卵和初孵若虫

发生特点

发生代数	每年发生代数因地区而异，黄河以北地区1～2代，长江以南地区3～4代，吉林发生1代，在辽宁年发生1～2代，内蒙古2代
越冬方式	以成虫在田间杂草、枯枝落叶、植物根际、树皮及房屋缝隙中越冬
发生规律	4月初开始活动，4月中旬交尾产卵，4月底至5月初幼虫孵化，第一代成虫6月初羽化，6月中旬为产卵盛期；第二代于6月中下旬至7月上旬幼虫孵化，8月中旬开始羽化为成虫，10月上中旬陆续越冬
生活习性	成虫必须吸食寄主植物的花器营养物质，才能正常产卵繁殖；小麦抽穗后常集中于穗部，卵多产在小穗附近或上部叶片表面上，多行整齐纵列成块，每块12～24粒。初孵若虫群聚为害，二龄后扩散为害

防治适期 成虫集中越冬或出蛰后集中为害时防治。

防治措施 冬季清除田间残株落叶和杂草，破坏其越冬场所，减少越冬虫源。成虫集中越冬或出蛰后集中为害时，利用成虫的假死性，震动植株使虫落地，迅速收集杀死。发生严重用20%灭多威乳油1 500倍液、3%啶虫脒乳油1 500 ～ 2 000倍液或40%乐果乳油1 000倍液喷雾防治，防治效果可达90%以上。

赤角盲蝽

分类地位 赤角盲蝽（*Trigonotylus coelestialium* Kirkaldy），又称赤须盲蝽，属半翅目盲蝽科。

为害特点 以成虫、若虫刺吸叶片汁液或嫩茎及穗部，被害叶片初呈淡黄色小点，渐成黄褐色大斑，叶片顶端向内卷曲，叶片布满白色雪花斑，严重时整个田块植株叶片上就像落了一层雪花，导致叶片呈现失水状，全株生长缓慢，矮小或枯死（图74）。

图74 赤角盲蝽田间为害状

形态特征

成虫：身体细长，长5 ～ 6毫米，宽1 ～ 2毫米，鲜绿色或浅绿色。头略呈三角形，顶端向前突出，头顶中央具一纵沟，前伸不达头部中央；

复眼银灰色，半球形，紧接前胸背板前缘。触角4节，等于或较体长短，红色，故称赤须盲蝽。喙4节，黄绿色，顶端黑，深达后足基节处。前胸背板梯形，具暗色条纹4个，前缘具不完整的领片。小盾片黄绿色，三角形，基部未被前胸背板的后缘覆盖。前翅略长于腹部末端，革片绿色，膜片白色透明，长度超过腹部末端。足浅绿或黄绿色，胫节末端及跗节暗色（图75）。

卵：口袋形，长1毫米左右，宽0.4毫米，白色透明，卵盖上具突起。

若虫：5龄，黄绿色，触角红色，略短于体长，三龄翅芽出现，四龄翅芽长达第一腹节，五龄若虫体长5毫米左右，翅芽超过腹部第三节。

图75　赤角盲蝽成虫

发生特点

发生代数	华北地区一年发生3代
越冬方式	以卵越冬
发生规律	翌年4月下旬越冬卵开始孵化，5月上旬进入孵化盛期，5月中下旬羽化。第二代若虫6月中旬盛发，6月下旬羽化。第三代若虫于7月中下旬盛发，8月下旬至9月上旬，雌虫在杂草茎叶组织内产卵越冬
生活习性	该虫成虫产卵期较长，有世代重叠现象。每雌一般产卵5 ~ 10粒。初孵若虫在卵壳附近停留片刻后，便开始活动取食。成虫于9：00 ~ 17：00活跃，夜间或阴雨天多潜伏在植株中下部叶背面

防治适期　一般发生较少，成虫、若虫盛发期喷药防治即可。

防治措施　在发生期可用菊酯类农药进行喷雾，控制效果较理想。

麦蝽

分类地位 麦蝽（*Aelia sibirica* Reuter），又称西北麦蝽，属半翅目蝽科。

图76　麦蝽成虫为害麦穗

为害特点 为害麦类、水稻等禾本科植物和苜蓿、桧柏等。用刺吸式口器吸食叶片汁液，被害麦苗出现枯心，或叶片上显现白斑，以后扭曲为辫子状，严重时麦苗叶子好像被牛羊吃去尖端一样，甚至成片死亡。后期被害可造成白穗及秕粒，减产30%～80%（图76）。

形态特征

成虫：体长9～11毫米，体黄色至黄褐色，背部密生黑色点刻。头较小，向前方突出，前端向下，尖而分裂，两侧有黑点。刺吸式口器。前胸背板有一条直贯小盾片的白色纵纹，前胸背板稍隆起，前缘稍凹入，两端稍向侧方突出，小盾片发达如舌状，长度超过腹背中央（图77-A）。

卵：长1毫米，馒头状，初产白色，逐渐变为土黄色，孵化前呈灰黑色（图77-B）。

幼虫：共5龄，五龄若虫体长8～9毫米，黑色，复眼红色，腹节间黄色（图77-C）。

图77　麦蝽形态模式图
A.成虫　B.卵　C.若虫
（乔体尚等，1990）

发生特点

发生代数	每年发生1代
越冬方式	以成虫及若虫在杂草、落叶及芨芨草草丛中或土块及墙缝内群集越冬
发生规律	4月下旬出蛰，首先在芨芨草上取食活动，5月初迁入麦田，6月上旬产卵，卵期8天左右，6月中旬进入卵孵化盛期。若虫为害期40天左右，为害后成虫或末龄若虫迁回芨芨草，9月后陆续越冬
生活习性	成虫虽有翅，但只能短距离飞翔。最喜在坟滩、地埂、渠岸、碱滩上的芨芨草草丛下7～10厘米处越冬。坟滩、地埂土质疏松、干湿适中，生长在上面的芨芨草墩越冬虫口密度大；渠岸、碱滩上湿度高、碱性大，生长在上面的芨芨草墩虫口密度小，而且大的芨芨草墩比小芨芨草墩虫量高

防治适期 春季芨芨草或其他杂草返青时，越冬虫源多在芨芨草或其他杂草上取食，此时防治最有效。

防治措施

（1）**农业防治** 小麦收割后深耕可大量杀死尚未外迁麦蝽；在初冬麦蝽出蛰前，清除越冬场所杂草及枯枝落叶，深埋或销毁芨芨草墩以减少虫源。

（2）**化学防治** 在小麦苗期，麦蝽大量迁入时，用90%敌百虫原药1.5～2克兑水60升喷雾、80%敌敌畏乳油1 500倍液喷雾。在小麦返青以后成虫盛发初期，喷撒2.5%敌百虫粉剂、4.5%甲敌粉或4%敌马粉，每667米^2 1.5～2千克。

根土蝽

分类地位 根土蝽（*Stibaropus formosanus* Takado et Yamagihara），属半翅目土蝽科根土蝽属。

为害特点 根土蝽成虫、若虫以口针刺吸寄主根部，吸取汁液，使植株青枯、变黄、矮小、穗小。为害小麦时，10月中下旬开始显症，5月上中旬叶黄、秆枯、炸芒。提早半个月枯死，导致穗小粒少，千粒重明显下降。为害高粱、玉米时，苗期出现苗青、株矮及青枯不结穗，减产20%～30%或点片绝收。

形态特征

成虫：体长4.0～5.5毫米，宽2.4～3.4毫米，体略呈椭圆形，红褐

图78 根土蝽成虫

色，有光泽。头向前方突出，头顶边缘黑褐色，有一列刺，触角4节，前胸背板前半部色深，较平滑，基半部常有横皱纹，后缘两侧各有一黑斑。前足胫节末端尖锐，上生一长刺，中足胫节长半月形，外侧末端生许多长刺，后足股节膨大，胫节蹄状，底部周围环生短刺。卵长1.2 ～ 1.5毫米，宽约1毫米，椭圆形，乳白色（图78）。

若虫：共分5龄。一龄体长约1毫米，乳白色；三龄体长约2.2毫米，黄白色，头、胸部色较深，腹部背板上有3条黄色横纹，翅芽出现，臭腺隐约可见；五龄体长4.5毫米左右，头、胸和翅芽为黄褐色，腹背具3条黄线，腹部白色，其余部分体色浅黄，翅芽长达腹部长的2/5；末龄若虫体长与成虫相近。

发生特点

发生代数	发生代数1 ～ 2代，个别年份东北有2.5 ～ 3年完成1代的。在山西省河津市一年繁殖1代。河北、山西、内蒙古一般两年完成1代
越冬方式	以若虫和成虫越冬，而以若虫为主
发生规律	一般情况下10月下旬至11月中旬，各龄若虫及成虫开始向土层下迁移，准备越冬，越冬深度30 ～ 70厘米。第二年3月中下旬气温上升，土壤20厘米深处地温上升到10℃以上时大部分成虫、若虫开始向上移动。4月下旬至5月上中旬，地温达到16 ～ 20℃时，大部分开始由越冬潜伏处上升活动，开始为害小麦，刺吸小麦毛根、次生根汁液。越冬成虫一般从3月下旬开始交配直到10月下旬在土壤里仍可见到成虫交尾的现象，因此，在一年当中成虫、若虫、卵三种虫态重叠出现。交尾时，雄虫在上，雌虫在下，雄虫直立于雌虫后端上方，两虫体呈直角状态。交尾后12 ～ 15天开始产卵，6月中旬至7月下旬为产卵盛期，卵期26.6天，7月上旬至9月上旬为卵孵化盛期。由卵孵化出来的小若虫，静休1 ～ 2天后，开始爬行取食，经7 ～ 10天蜕皮1次，共蜕皮6次，才变为成虫。成虫直到下一年性成熟后，再交配产卵。8月上旬至9月中旬是秋季为害盛期。若虫共5龄，每个龄期30 ～ 45天，若虫孵化后即为害作物根部，在山东、河北等地5月间为害小麦，6月、7月为害玉米。若虫越冬后至翌年6 ～ 7月，老熟若虫羽化，若虫期和成虫期约需1年左右，条件不利时若虫期可长达2年。在辽宁锦州基本上是两年完成1个世代。越冬后的成虫于7月开始产卵，孵化为若虫，当年秋天多以二至四龄若虫越冬。越冬后的若虫，于8月开始羽化成为成虫，并以成虫越冬，从而两年完成1个世代。少数发育快的，第一年以高龄若虫越冬，于第二年6 ～ 7月羽化为成虫，并有部分成虫当年可产卵、孵化、发育至二龄若虫越冬；少数发育慢的，第一年以低龄若虫越冬，越冬后的二龄若虫，第二年秋以高龄若虫越冬，第三年6月羽化为成虫
生活习性	成虫出土活动有群集性与假死性，密度大时能迁飞，有一定飞翔力

防治适期 根土蝽休眠越冬期，深翻土壤（根土蝽在土壤40 ~ 50厘米处越冬），可大量减少越冬虫源。

防治措施

（1）**调整作物布局，建立合理的轮作制度** 合理轮作，是简便易行、经济有效的防治措施，可与棉花、花生、马铃薯、甘薯、甜菜、西瓜等非禾本科作物轮作。由于根土蝽繁殖指数很低，生活周期长，虫量增长缓慢，并且转移扩散能力差，与上述作物轮作后，虫量减退率一般都在75%以上，同时，要加强禾本科杂草防除，以断绝根土蝽的食物来源。

（2）**科学管理土地，适时早播促壮苗** 加深耕层有利于积蓄秋、冬、春季降水，有条件的进行灌溉，农家肥与化肥科学搭配使用，增施农家肥，秸秆还田，用黏质土、河淤土、黑土、塘泥、蕖泥等进行客土改良，提高土壤有机质含量，再辅以化肥并配方施肥，适期早播加强苗期管理，促使苗齐、苗全、苗壮，根系发达，增加作物的耐虫性，提高作物的补偿能力。

（3）**深翻和整修土地** 根土蝽冬季以半休眠状态在土壤40 ~ 50厘米深处越冬，利用其休眠越冬的机会，进行深翻可大量减少越冬虫数。整修土地，可破坏根土蝽的生活环境，降低虫口密度。

（4）**化学防治** 在播前施用25%甲基异柳磷乳油，药：水：细土按1 ： 15 ： 150比例配成毒土，随播种施入沟内，每667米^{2}施毒土15千克；每公顷用50%辛硫磷乳油1.5 ~ 2.25千克兑细土30 ~ 37.5千克，撒施耙地后再播种；也可用56%磷化铝片剂（双层包装），采用植株根际扎孔投药熏蒸，每株投药0.2 ~ 0.3克，防效能达到85%以上，但成本较高。

另外，可在大雨之后，成虫大量出土时，集中地喷撒40%甲敌粉或4%敌马粉，每公顷30 ~ 37.5千克，效果良好。还可用杀灭菊酯、溴氰菊酯等拟除虫菊酯类农药地面喷雾，也可适当减轻危害。

小麦皮蓟马

分类地位 小麦皮蓟马[*Haplothrips tritici*（Kurdjumov）]，又名小麦管蓟马，缨翅目管蓟马科。

为害特点 小麦皮蓟马成虫、若虫通过锉吸式口器，锉破植物表皮，吮吸汁液，危害小麦等寄主植物。

（1）**为害花器症状** 小麦孕穗期，成虫即从开缝处钻入花器内为害，影响小麦扬花，严重时造成小麦白穗。

（2）**为害麦粒症状** 麦粒灌浆乳熟期，成虫和若虫先后或同时躲藏在护颖与外颖内吸取麦粒的浆液，致使麦粒灌浆不饱满，严重时导致麦粒空瘪，造成小麦千粒重明显下降。同时，由于蓟马刮食破坏细胞组织，受害麦粒上出现褐黄色斑块，降低面粉质量，减少出粉率。

（3）**为害护颖、外颖、旗叶及穗柄症状** 成虫和若虫常在上述部位锉食叶腋，使护颖和外颖皱缩、枯萎、发黄、发白，麦芒卷缩、弯曲，旗叶边缘发白，或呈黑褐斑，被害部位极易受病菌侵害，造成霉烂、腐败（图79）。

图79 小麦皮蓟马为害造成籽粒不饱满

形态特征

成虫：呈黑褐色，体长1.5 ～ 2.2毫米，头略呈长方形与前胸相辖，复眼分离，触角8节，第三节长是宽的2倍，第三、四、五节基部较黄。翅2对，前翅有一条不明显的纵脉，并不延伸到顶端，边缘均有长缨毛。腹部10节，第一节小，呈三角形，腹部末端延长成管状，称为尾管，其端部着生6根细长的尾毛，其间各生短毛一根（图80-A）。

卵：乳黄色，初产为白色，长椭圆形，长为0.45毫米，宽为0.20毫米（图80-B）。

若虫：分5个龄期，初孵幼虫呈淡黄色无翅，后变橙红色，鲜红色，触角及尾管均呈现黑色，触角7节（图80-C）。

前蛹及伪蛹：前蛹体长均比若虫短，淡红色，四周生有白色绒毛，触角3节，胸节着生3对较长红色绒毛，中胸及后胸着生一对黑色的翅芽，伪蛹与前蛹极为相似，触角分节更不明显，紧贴于头的两侧，翅芽增长（图80-D）。

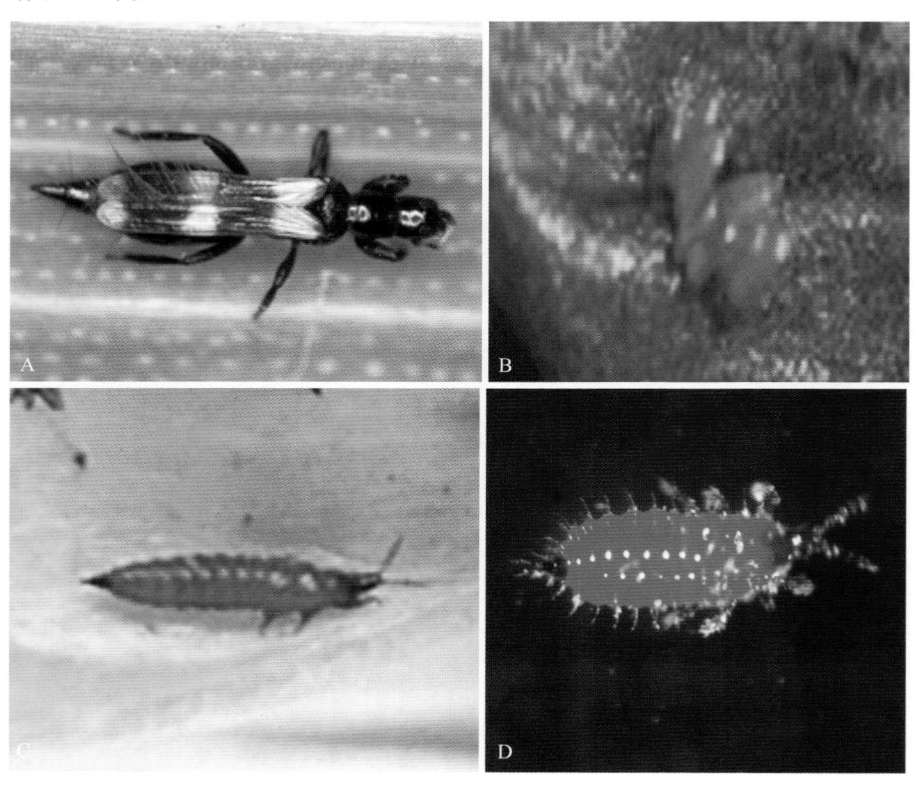

图80　小麦皮蓟马
A.成虫　B.卵　C.若虫　D.前蛹
（B和D引自《中国农作物病虫害》）

发生特点

发生代数	在我国分布区小麦皮蓟马一年发生1代
越冬方式	以若虫在麦茬、麦根及晒场地下10厘米左右处越冬，主要分布在1 ~ 5厘米土壤表层

发生规律	有明显的物候关系，表现为在不同小麦种植区，小麦皮蓟马各生长发育阶段与小麦特定的生育期紧密联系，即小麦皮蓟马一般于小麦起身—拔节期在土壤或麦茬中化蛹，到小麦被振落地，若虫大都爬入麦茬丛中，也有钻入麦秆内或土缝中的，尚有少数随麦捆进入麦场及附近的土中越夏越冬。 而在我国天津等地一般在3月下旬日平均温度为8℃时小麦皮蓟马开始活动，4月上中旬（小麦起身期—拔节期）化蛹，在4月下旬（小麦孕穗期）羽化为成虫。羽化成虫飞到小麦植株上，集中在上部内侧、叶耳、叶舌处吸食液汁，逐步入侵到尚未抽穗中为害。5月上旬（小麦抽穗期）在刚抽穗的麦穗上产卵，卵5～7天孵化，5月下旬（小麦扬花—灌浆期）卵孵化开始危害，在这一时期小麦皮蓟马危害最盛。在6月上旬（小麦蜡熟期—收割期），由于生存条件恶化，陆续离开麦穗停止为害，从麦穗中爬出进入越冬场所准备越夏和越冬
生活习性	该虫成虫产卵期较长，有世代重叠现象。每雌一般产卵5～10粒。初孵若虫在成虫羽化后7～15天开始产卵，首先主要产在冬麦穗内，冬麦抽穗后则主要产在春麦穗上。卵很少为单粒，大都呈不规则块状，用胶质黏固。卵块的部位较固定，绝大多数在小穗的基部和护颖尖端的内侧，以麦穗中部的小穗卵量最多，而顶端2～3个小穗和基部1个小穗卵量极少，每小穗平均有卵4.0～55.8粒

防治适期 防治小麦皮蓟马的关键阶段是小麦孕穗末期成虫尚未大量钻入麦穗之前，此时期及时喷洒药剂防效显著。

防治措施

（1）**农业措施**

①秋耕冬灌、合理轮作倒茬。在小麦皮蓟马发生严重的区域，秋季或麦收后用圆盘耙切翻，再进行深耕和冬灌，应及时清除麦场及周围的麦堆、麦秆和麦衣等，破坏其越冬场所，这样可有效降低越冬虫源基数。同时避免连作，进行合理轮作，如与大豆、玉米、苜蓿、马铃薯和棉花等作物倒茬，可有效减轻小麦皮蓟马发生危害。

②种植早熟品种或适时早播。种植早熟品种或适时早播可使小麦孕穗期提前，可明显压低小麦皮蓟马成虫种群发生数量，减少卵和若虫发生量，使小麦有效避开小麦皮蓟马的为害盛期，降低受害程度，达到防治的目的。

（2）**化学防治**　在小麦孕穗末期成虫尚未大量钻入麦穗之前，及时喷施20%丁硫克百威乳油或10%吡虫啉可湿性粉剂2 000倍液、1.8%阿维菌素乳油1 500倍液、4.5%高效氯氰菊酯乳油2 000倍液，用量为1 125千克/公顷。其目的是有效防治成虫，减少田间卵量，进而减轻小麦皮蓟马的危害。其次，在小麦皮蓟马发生严重的区域，小麦扬花期初期发现小穗上的虫卵孵化为若虫后首先常在颖壳内外活动，要重视初孵防治，因为此时小麦皮蓟马若虫虫体小，对化学农药敏感，喷施化学农药杀虫效果好，当在百穗虫量达到200头以上时进行防治，可喷洒2.5%氟氯氰菊酯乳油2 500倍液或44%丙溴磷乳油450毫升/公顷。

条沙叶蝉

分类地位 条沙叶蝉（*Psammotettix striatus* L.）又名条斑叶蝉、火燎子、麦吃蚤、麦猴子等，属半翅目叶蝉科沙叶蝉属。

为害特点 以成虫、若虫直接刺吸叶片、叶鞘组织汁液，可使受害麦苗变色，生长受到抑制。该害虫除直接吸取植株汁液、分泌毒素导致小麦叶斑和叶片枯黄造成小麦减产外，更重要的是它能传播小麦红矮病、小麦蓝矮病和小麦矮缩病等小麦病毒病和类菌原体病害，导致病害流行（图81）。

图81　条沙叶蝉为害状

形态特征

成虫：体长4 ～ 4.3毫米，体呈灰黄色，头冠近前缘具1对浅褐色斑纹，后与黑褐色中线接连，两侧中部各具一不规则斑，近后缘两侧各有2个逗点形纹，颜面两侧有黑褐色横纹。复眼黑褐色，单眼1对，赤褐色。前胸背板5条灰白色条纹纵带和4 条灰黄色纵带相间排列。小盾板两侧角有暗褐色斑，中间具明显的褐色点2 个，横刻纹褐黑色，前翅浅灰色，半透明，翅脉黄白色。胸部、腹部黑色。足浅黄色，在股节及胫节上有淡褐色斑点（图82-A至图82-C，图82-I）。

卵：肾形，长0.93毫米，宽0.35毫米，初产时白色，后变淡黄色，将要孵化时近金黄色，有一对红褐色眼点（图82-J）。

若虫：共5龄。初孵化时为淡黄色，随着龄期的增加，体色加深；二龄若虫虫体褐色背线明显；三龄若虫虫体深褐色带黄，后胸末侧突出，并向后延伸；四龄若虫虫体黑褐色，翅芽现达第一、二腹节上；五龄若虫背部可见深褐色纵带，翅芽达三、四腹节间，性别初见（图82-D至图82-H）。

图82 条沙叶蝉形态图

A.成虫背面 B.成虫侧面 C.成虫腹面 D.一龄若虫 E.二龄若虫 F.三龄若虫 G.四龄若虫 H.五龄若虫 I.成虫 J.卵

（D—J引自赵立嵘，2011）

发生特点

发生代数	在新疆和田地区一年发生3代，在甘肃陇南、陇东和陕西关中一年发生4代
越冬方式	以卵在杂草和小麦枯死的叶片和叶鞘组织内越冬

发生规律	条沙叶蝉的发生，与气候、地形、地势、耕作栽培和作物布局等关系密切。条沙叶蝉喜温暖干燥的气候，但过度干旱（影响作物的播种出苗及杂草的正常生长）的条件也不利于其发生。一年一熟制，以小麦为主，春播面积较大的粟、糜旱塬或丘陵地区，是条沙叶蝉适生易发的地理条件。早播麦田虫口密度最大，向阳温暖地块虫口又高于背坡阴凉处，夏季高温对当年麦田虫口有减轻作用。寄生性天敌也是影响叶蝉发生的原因之一。已发现有叶蝉缨小蜂和赤眼蜂等，越冬卵寄生率10% ～ 15%，寄生在成、若虫体内的螯蜂类比率也相当高，对条沙叶蝉的发生有一定抑制作用
生活习性	成虫能飞善跳，可借助风短距离迁飞，喜欢温暖干燥环境，一般在干旱年份和向阳干燥处虫口密度大。成虫有较明显趋光性，行两性生殖，偶见单雌虫产无效卵现象

防治适期 条沙叶蝉的防治要按其造成直接为害和传播引致病害两种情况来区别于一般害虫的防治。对于直接为害的防治，一般在春季麦田中进行，当田间虫情达到一定量时即进行防治；对于所传播病害的防治，要重点放在小麦秋苗期进行，有时甚至可能需要在麦田外开展防治。

防治措施

（1）**农业防治** 加强田间管理，减少条沙叶蝉为害机会。选用抗虫和抗病品种，严防早播，适时迟播，以免诱集大量条沙叶蝉；精耕细作，清除田间寄主杂草，及时伏耕灭茬，消灭自生麦苗等毒源植物，减少传病机会；加强肥水，促使苗强苗壮，提高小麦抗病虫能力。

（2）**生物防治** 利用有利于天敌繁衍的耕作栽培措施，选择对天敌较安全的选择性农药，并合理减少施用化学农药，保护利用天敌昆虫来控制条沙叶蝉种群。

（3）**物理防治** 苗期田间虫口特别大时，可用大网拉虫，用粗布（或沙布）、木棍制成长2 米、宽1米、高0.33米的槽状大网，掠地面依次拉过，可将大量的条沙叶蝉兜进网内，集中消灭。在条件允许时，也可于8 ～ 9月设置诱虫灯诱杀成虫。

（4）**化学防治** 可将内吸杀虫剂处理种子与田间喷药结合起来，内吸杀虫剂处理种子出苗初期杀虫效果可达到100%，残效期可保持一个月左右。当虫口密度达到3头/米^{2}时，或用直径33厘米的捕虫网捕捉成、若虫，当每30单次网捕10 ～ 20头时，可用10%吡虫啉可湿性粉剂70%吡虫啉水分散粒剂、2.5%高效氟氯氰菊酯乳油或1.8%阿维菌素乳油喷洒，5 ～ 7天后可根据虫情决定是否再次喷药，春季越冬卵孵化盛期防治若虫，可视虫量多少采用同样方法喷洒1 ～ 2次即可。

PART 3

小麦病虫害绿色防控技术

随着绿色植保理念的不断深入，在新形势下，绿色防控技术得到了广泛应用。小麦病虫害绿色防控是从小麦农田整体生态系统出发，以基本的农业防治为基础，利用害虫的自然天敌，恶化病虫实际生存环境，提升农田、农作物的抗病虫能力。在必要的时候需要适量投入化学农药，将病虫害产生的危害程度降到最低。绿色防控技术是确保小麦安全生产的重要手段，包括了农业防治、理化诱控、生态调控、生物防治、科学用药等方法，使自然生物的多样性得到有效维护，还能降低病虫害的发生率，以科学的手段达到防控病虫害的目的。将绿色防治技术有效普及，有利于促进小麦农业规范化生产，能够提高小麦整体的品质和质量。在实际防控过程中，应根据不同地区的环境情况和主要害虫发生特点，确定有效的绿色防控技术方案。

农业防治技术

通过调整和改善作物的生长环境，以增强作物对病、虫、草害的抵抗力，创造不利于病原物、害虫和杂草生长发育或传播的条件，以控制、避免或减轻病、虫、草害。主要措施有推广种植具有抗性的优良品种、推广科学施肥和节肥技术、精细整地、科学播种、加强田间管理等。农业防治如能同物理、化学防治等配合进行，可取得更好的效果。

（1）**推广种植具有抗性的优良品种**　根据当地的生产条件、区域特点及小麦病虫害发生情况，因地制宜地选用抗病虫害能力强、品质高、专用性强和产量高的优质小麦品种。小麦选种应多样化，同一生态区尽量多种植不同种质资源的小麦品种，亲缘关系越远越好，确保地块品种多样性，防止品种单一化。同时，需要调整小麦品种合理布局及搭配，在一定程度上保持小麦田物种、生态的多样性，以避免和控制病虫害的蔓延和发生（图83至图87）。

另外还需要做好晒种，提高种子萌发力。对选用的抗性优良品种的种子进行精选，并在播前选择晴朗天气晒种2 ～ 3天，以提高种子活力及发芽势并杀灭种子表面病菌。

图83 小麦抗病虫品种的鉴定与筛选

图84 小麦抗病品种（左）和感病品种（右）田间性状

图85 小麦抗蚜虫品种（左）和感蚜虫品种（右）田间性状

图86 小麦品种的培育与田间区试

图87 品种展示与田间示范

（2）**推广科学施肥和节肥技术**　坚持“增产施肥、经济施肥、环保施肥”的理念，遵循“减氮、控磷、稳钾和补硫、锌等中微量元素肥料”的施肥原则，在种植过程中要对所选地块进行土壤分析，利用测土配方技术进行施肥，优化氮、磷、钾配比，促进大量元素与中微量元素配合，全面推广测土配方施肥，实行精准施肥（图88、图89）。积极推广缓释肥、氮肥增效剂和水溶性肥料、生物肥料等高效新型肥料。一些无病秸秆可以直接粉碎还田，以增加土地的营养成分，并增施尿素调节土壤碳氮比。对于有病害的秸秆，要远离土地进行彻底的集中销毁，可通过深埋、焚烧、制作有机肥等措施减少病害对小麦的负面影响。

图88　小麦微量元素试验

图89　小麦不同肥力对比试验示范

根据小麦不同生育期特点，分类追施拔节肥，优化基肥、追肥比例，以增强小麦的营养和病虫害抵抗力，创造有利于小麦生长的环境条件。对于长势正常的麦田，在3月中下旬追施拔节肥，根据基肥施用情况追施尿素90 ~ 195千克/公顷，巩固分蘖成穗，增加每穗粒数；对于群体偏大、苗情偏旺的麦田，要延迟到拔节后期至旗叶露尖时追肥；对于播种晚、冬前生长不足、个体不壮的晚弱苗麦田以及叶片发黄出现缺肥现象的麦田，可及早追肥以促进分蘖成穗，保证有足够穗数，气候干旱时追肥要与浇水相结合。小麦扬花后进行叶面喷肥，用1% ~ 2%尿素和0.2% ~ 0.3%磷酸二氢钾溶液进行叶面喷施，或叶面喷施含腐殖酸、氨基酸的水溶肥等。间隔7 ~ 10天连喷2遍，可提高千粒重和蛋白质含量、防止后期早衰，并且能够显著提高小麦的抗病虫害能力，从而实现小麦健康生长。

（3）**精细整地** 在小麦播种阶段要注重精耕细作，对于病菌在病残体上和虫源在前茬秸秆中越冬的情况，要及时清除和处理秸秆，从而将病虫基数压低，以减轻小麦蚜虫、麦蜘蛛、小麦全蚀病等土传病虫害的危害。前茬作物收获后及时适墒旋耕或翻耕整地，深耕多耙（图90），可将栖居于土壤表层的有害生物翻到地表，改变其生存环境，杀死地下有害生物，从而降低土壤内病虫害的基数，改善土壤条件及小麦的生长环境。旋耕、翻耕后要多耙镇压，达到土地平整、耕层紧密、无明暗坷垃、上松下实，以利种子萌发和根系生长，减轻麦苗冻害。此外，要定期进行整地，如隔年深翻的方法可调节土壤的酸碱度，改善土壤的理化性能。

连续旋耕2～3年田块应深耕（松）一次（图91），深耕时深度应达25厘米左右，深耕深度35厘米左右。玉米秸秆直接还田的地块要引进大功率农业机械深耕深翻，及时镇压，坚决克服旋耕不实带来的播种过深、透风跑墒、易旱易涝等弊端。

图90 深耕多耙

图91 土壤深耕

（4）**科学播种** 根据当地田块墒情适期、适量播种，掌握播种深度，选用合适的播种机械，推广规模化、标准化机械栽培技术，做到不重播、不漏播、下种均匀、深浅一致、覆土严密，防止土壤过松或播种过深，为小麦的生长奠定良好的基础，以确保小麦出苗早、苗壮，实现一播全苗。

播种时还应考虑到天气、温度及品种特性等因素，选择合适的时间进行播种。小麦播种适当推迟播期，可有效控制小麦纹枯病冬前发病程度，抑制翌年早春病情。播种过早，环境适宜容易形成冬前旺苗，不利于生长，而且小麦容易染病，抵抗力降低。小麦冬前群体过大，一方面导致麦苗瘦弱，对害虫的抵抗力降低；另一方面，田间郁闭，湿度大，有利于吸浆虫等害虫发生为害。比如偏冬性品种适宜播期在10月5 ~ 15日，半冬性品种适宜播期在10月8 ~ 20日，播量一般控制在150.0 ~ 187.5千克/公顷，基本苗掌握在240万~ 330万株/公顷，行距20厘米，播深3 ~ 5厘米。播期推迟、墒情较差或整地质量较差时，播量应适当加大。行距20 ~ 23厘米，播种深度4 ~ 5厘米。因秸秆还田造成整地质量相对较差的，在播种时视整地质量增加播种量 22.5 ~ 37.5千克/公顷，确保一播全苗、苗齐苗全、苗匀苗壮（图92）。

实行轮作，减少菌源（图93）。连年种植同类作物可能增加病虫害的抗性，特别是小麦全蚀病、小麦纹枯病、小麦根腐病等土传病虫害发生严重的田块，可采用轮作换茬的方法，如甘薯、大蒜、马铃薯、油菜等作物或绿肥等非寄主作物实行多年轮作倒茬种植，可以有效减少土壤中的病原菌菌源量，切断传染源，降低病害的发生概率；对小麦条锈病重发地块，可实行小麦间作蔬菜、蚕豆、豌豆、大麦和油菜，并采取多品种混播，可有效减少条锈病发生；对小麦赤霉病、纹枯病等重发地块，可与蔬菜作物、油料作物、甘薯等非禾本科作物轮作，轮作期限一般为2 ~ 3年；对寄主范围较窄的小麦吸浆虫，实施小麦与双子叶植物、大蒜等轮作，可显著减轻其为害；若小麦田发现有除草剂残留引发的药害，也可以选择与对所发生药害不敏感的作物进行轮作。

图92　适期播种

图93　水旱轮作

（5）**加强田间管理**　实施科学的田间管理措施。坚持抢时趁墒整地，合理利用底墒，适期早播，促进根系下扎，提高小麦苗期抗旱能力。小麦播种后，若遇土壤表墒不足（0 ~ 10厘米土壤相对含水量低于75%）应及时浇灌补墒。在小麦越冬前，最好浇一次越冬水，使土壤紧实，预防干旱，防止冻害，确保小麦安全越冬。秸秆还田地块、播种或苗期遇旱地块要根据墒情实行定量灌溉，其他时期充分利用自然降水补充土壤水分，严重亏空时进行抗旱灌溉。大力推广喷灌、沟灌或雾喷等灌溉方式，杜绝大水漫灌，提高水资源利用率（图94、图95）。

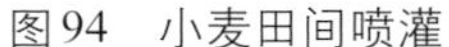

图94　小麦田间喷灌

图95　农民使用的田间简易喷灌

高温和潮湿的环境均不利于害虫生长，可在关键时期进行灌溉，用水浸没害虫的生活环境，如灌溉可使水充满地下害虫的洞穴，以达到控制其为害的目的。另外，使用目前比较高科技的热雾技术进行处理，也可以有效减少害虫以控制其为害。

冬前小麦视苗情追施肥，每667米^{2}追施尿素7 ~ 8千克，促弱控旺。也可在2月下旬至3月上旬，用5%烯效唑可湿性粉剂525 ~ 600克/公顷或10%多唑·甲哌鎓可湿性粉剂750克/公顷兑水喷雾，控制旺长和后期倒伏。早春控制麦田无效分蘖，保证每667米^{2}有效穗40万 ~ 45万个。3月中下旬追施小麦拔节肥，每667米^{2}施尿素8 ~ 10千克，促使小麦健壮生长，增强其抗病虫害能力。

查苗补缺及防止冻害发生。出苗后及时查苗、补种、疏苗，确保苗齐、苗全、苗匀，对于缺苗断垄或漏播的，要立即用同一品种的小麦种子带水补种或浸种后催芽补种。根据天气变化情况，采取喷施叶面肥、灌水等措施防止越冬期冻害、倒春寒和低温冷害发生。

及时清除田边地头杂草，实施人工除草或麦田化学除草，做好麦田杂草的防除工作。杂草不仅会影响小麦的光照、通风条件，还可能携带一定的病虫害。发现麦田长有杂草时要及时清除，有效改善小麦通风透光条件，铲除病虫栖息场所和寄主植物，以有效避免病虫害发生，并为小麦提供良好的生长环境（图96）。

图96　及时清除田间杂草

理化诱控技术

理化诱控技术指利用害虫的趋光性、趋化性，通过布设色板、灯光、昆虫信息素、气味剂等诱集并消灭害虫的控害技术，其主要可分为物理诱控技术和昆虫信息素诱控技术。在害虫发生量较小时，理化诱控技术可以起到较好的控虫控害作用，但当虫量过大时，只能降低田（园）间虫口基数，控虫控害效果有限，需要与其他措施配合控制害虫。

（1）**色板诱控**　色板诱控主要是基于害虫对于颜色的敏感度，通过色板上的黏胶对病虫进行防控，减少田间虫口基数和落卵量而减轻害虫为害。该技术是蚜虫防治的一种预防手段，应用广泛的为黄板、蓝板及信息素板。在小麦穗蚜始发期，在田间插规格为24厘米×20厘米的黄色粘板，每667米^{2}插30片，高于小麦15厘米，根据落虫情况更换黄板，一般为每7天更换一次。在穗蚜进入始盛期后停止使用。该方法除了可以降低虫口基数，减少农药使用量及使用次数，还可以作为蚜虫种群发生动态的监测手段（图97、图98）。

（2）**灯光诱控**　灯光诱控主要是根据害虫具有趋光性的特征来引诱害虫，然后使用高压电网将害虫击晕，最后装入害虫袋中通过人工、生物或化学等措施将其彻底消灭。一般在小麦害虫的始盛期开始防治，在小麦田间设置频振式杀虫灯，调试到害虫敏感的特定光谱下，诱集害虫并有效杀灭害虫，降低害虫的数量，从而有效地防治虫害和虫媒病害，大幅度减少

图97 黄板监测与防控（中国农业科学院新乡综合试验基地）

图98 黄板诱控与景观生态相结合（山东农业大学刘勇教授试验示范田）

杀虫剂使用。这一防控措施使用中应要注意根据实际情况合理控制开灯及关灯的时间，通常以主治对象进入成虫始盛期开始进行灯光诱控（图99、图100）。

图99 地面灯诱集

图100 探照灯诱集

（3）**昆虫信息素诱控** 昆虫信息素诱控技术应用广泛的是性信息素、报警信息素（图101）、空间分布信息素、产卵信息素、取食信息素（图102）等。

糖醋液诱控属于一项全新的技术，被广泛应用在小麦、玉米等农作物上，主要是将350克红糖、250克水、150克白醋、15克90%的敌百虫晶体混合制成诱液放置在盆内，将装有诱液的盆置于田间1米处可有效诱杀麦田黏虫的成虫。

图101　蚜虫报警信息素驱避蚜虫（山东农业大学刘勇教授试验田）

性信息素诱杀剂主要是利用昆虫的性外激素起到引诱和迷向作用，影响害虫正常交配。这种方式能够对害虫的交配产生一定的影响，从而降低害虫的繁殖率，以达到控制病虫害的目的（图103）。英国Bruce等（2006）合成麦红吸浆虫雌成虫的性信息素2，7-nondiy1 dibutyrate可高效诱集雄成虫。同时也可有效监测田间成虫羽化高峰、飞行活动和整个生长季节的成虫密度。

图102　食诱剂控制棉铃虫（中国农业科学院植物保护研究所与深圳百乐宝公司合作研发）

图103　食蚜蝇信息素诱集天敌控制蚜虫危害（中国农业科学院植物保护研究所梅向东博士研制）

还有一种方法是利用害虫生存适应温度范围的特性来除害。比如温汤浸种、蒸汽灭菌、太阳辐射等可改变害虫生存环境的温度以及杀死土壤病原微生物和杂草的种子；再如温度高于30℃即可使霜霉病病原菌分生孢子活动减缓，大于42℃则会逐渐死亡，故针对这类病菌可采用高温灭菌的方法。

生态调控技术

生态调控技术是指采取推广抗病虫品种、优化作物布局、培育健康种苗、改善水肥管理等健康栽培措施，并结合农田生态工程、果园生草覆盖、作物间套作、天敌诱集带等生物多样性调控与自然天敌保护利用等技术，改造病虫害发生源头及滋生环境，人为增强自然控害能力和作物抗病虫能力，达到保益灭害、提高效益、保护环境的目的。

小麦条锈病生态调控的关键环节是改造小麦条锈菌越夏基地。根据不同地区，不同海拔越夏区具体情况，减少高海拔区域小麦种植面积。在新小种策源地（甘肃南部海拔1 400 ～ 1 600米麦区，四川西北部1 600 ～ 1 800米麦区），因地制宜发展油菜、豆类、薯类、中药材、蔬菜、青稞等作物，逐年替代小麦，减少越夏菌源（图104）。自2005年以来，我国甘肃、四川、陕西、湖北、云南、贵州等越夏、冬繁菌源地采取生态调控技术试验示范面积累计为40万公顷次，占农业生态调控的13.74%。

图104　小麦与油菜邻作增加油菜种植面积减少菌源

生态调控技术主要是通过人工调节方式，从种植过程中改善小麦与有害（有益）生物、环境与有害（有益）生物之间的关系，在此基础上及时消灭害虫并实现益虫的保护与调节，全面提升防控效益，以此确保满足最终的防控目的。

麦田是诸多病虫天敌越冬场所和早春繁殖基地，充分保护天敌对于控制害虫的作用较大。麦田与玉米田是重要的天敌库，为众多天敌越夏提供了良好的环境。冬季、早春时大量害虫繁殖，麦田和玉米田中存在的众多天敌即可起到控制害虫的作用，而且也是后茬作物害虫天敌的主要来源（图105）。只有保护麦田天敌，强化小麦害虫的控制，才能更好地维护小麦的成长。

图105　小麦与春玉米田邻作

在麦田的田埂上点播春玉米和麦田套种棉花、花生等种植方式（图106、图107），可提高田间天敌发生的自然景观连接度，为天敌由一种生境向另一种生境转移和繁殖提供廊道，为天敌提供更多有利环境和繁殖场所，以实现有效地保护利用天敌，强化其对有害生物的控制，增强生态调控作用。

图106　小麦与棉花套种

图107　小麦棉花间作（新疆石河子大学试验田）

此外，在农田中增设开花植物的条带，既能有效增加农田生物多样性，还为害虫天敌提供花粉、花蜜等食物资源，从而使天敌的繁殖力、寿命、寄生率提高，提高天敌的适合度，增强防治效果（图108）。与小麦单作相比，条带种植小麦与紫花苜蓿增加了卵形异绒螨（*Allothrombium ovatum*）幼虫与卵的密度，提高了麦长管蚜被卵形异绒螨寄生的寄生率，寄生蚜虫螨的平均数也明显升高。有翅蚜的寄生率高于无翅蚜，从而限制了蚜虫种群的增加。在麦田间作绿豆、豌豆两种豆科作物也能干扰麦蚜的寄主定位，且其优势天敌瓢虫和蚜茧蜂种群密度较高，可在一定程度上降低麦蚜总量。

图108 小麦-蛇床草组合调控模式（山东省农业科学院试验示范田）

生物防治技术

小麦病虫害的生物防治技术主要是利用生物制剂（如抗生素、昆虫调节剂等）或者害虫的天敌对小麦病虫害进行防治。这一防治技术旨在保护利用天敌，使昆虫种群自然控制系统的天敌因子群作用得到有效发挥。生物防治技术不仅能够实现有效防治的目标，还能保护生态环境，是未来小麦病虫害防治技术发展的趋势。

生物防治是一种以虫治虫、以螨治螨、以菌治虫、以菌治菌等的病虫害防治措施（图109至图116）。以捕食螨、赤眼蜂、丽蚜小蜂、瓢虫等天敌应用最为广泛。主要可分为寄生性天敌和捕食性天敌生物防治技术。

小麦蚜虫发生始盛期，在田间把放有一至二龄的商品化异色瓢虫的口杯打开，把杯中的异色瓢虫幼虫均匀地放在小麦上，留存在口杯上的异色瓢虫同时抖落在小麦上。当百株蚜量在1 000头以上时，放异色瓢虫量和蚜虫存量的比例是1 ： 100；当百株蚜量500 ～ 1 000头时，放异色瓢虫量和蚜虫存量的比例为1 ： 150；当百株蚜量500头以下时，放异色瓢虫量和蚜虫存量的比例为1 ： 200。大发生年如果蚜虫繁殖过快，防效降低时，应及时补防或喷施高效环保低毒农药挽回损失。

图109　蚜茧蜂寄生蚜虫后形成的僵蚜

图110　麦芒上的蚜虫和僵蚜

图111　七星瓢虫成虫和卵

图112　瓢虫幼虫

图113　食蚜蝇幼虫

图114　草蛉幼虫

图115　草蛉卵

图116　寄生螨

对小麦蛴螬进行防治过程中，可选择茶色食虫虻以及金龟子黑土蜂等；应用致病微生物防治的技术方法也能起到良好的效果，如白僵菌能有效防治蛴螬，再与其他微生物进行有效配合，能达到绝佳的防护效果。另外，通过植物源农药进行虫害治理也是比较重要的方法。从植物中提取防病杀虫物质配制成农药，以杀灭害虫。还可通过抗生素的应用防治害虫，主要原理是干扰害虫正常的发育以及抑制害虫的繁殖生长。

科学用药

科学用药技术指的是推广高效、低毒、低残留、环境友好型农药，优化集成农药的轮换使用、交替使用、精准使用和安全使用等配套技术，加强农药抗药性监测与治理，普及规范使用农药的知识，严格遵守农药安全使用间隔期，通过合理使用农药最大限度降低农药使用造成的负面影响。

（1）**种子处理**　种子处理即小麦种子药剂包衣或拌种处理，从而使小麦种子具备一定的病虫害抗性，这种方法可以有效预防小麦种子和土壤带来的病虫害，整体效果良好，同时可以降低病虫害防控成本（图117至图119）。主要具有以下五方面的优势。

第一，种子处理是一项高效多能的植保技术，可以防治地下害虫，预防多种土传、种传病害，有些种衣剂还具有促进发芽、保苗壮苗、增产提质的作用，其主动性和优越性是其他防治措施所无法企及的。

第二，种子处理是一项经济、简便、实用的植保技术，投入少、易操作、防效好，能够达到事半功倍的效果。

第三，种子处理是一项精准的植保技术。落实精准施药技术，即：监测预警及时，用药时间精准；防治方案科学，靶标对象精准；施药机械智能，农药用量精准；抗性监测准确，农药替换精准；实施种子包衣，吸收利用精准。种子包衣通过先进的成膜技术、缓释技术，使农药锁定种子周围的区域，缓慢释放的药剂被作物逐渐吸收而充分利用，可以说是一种最精准的施药技术。

第四，种子处理是一项绿色环保技术。种子包衣拌种，变地面施药为地下隐蔽施药，用药量少，精准高效，减少药剂飘移、流失，能防止或大幅减轻对环境的污染，实现农药减量增效。

第五，种子处理是一项统防统治技术。常规理解的专业化统防统治，忽视了植保专业化服务组织实施的利用先进包衣拌种机械和新型高效种衣剂（拌种剂）进行的统一种子处理，种子处理是最方便操作、最易被认可、最经济高效、最能体现社会化服务的统防统治形式。

图117　包衣处理的商品化种子

图118　农民自行购置种衣剂拌种

图119　不同种衣剂处理试验示范

例如，选用15%三唑酮可湿性粉剂按用种量的0.2%干拌种子，或用2%戊唑醇悬浮剂按用种量的0.1%湿拌种子，预防小麦条锈病和小麦全蚀病。也可用20%三唑酮乳油50毫升+40%甲基异柳磷乳油50毫升或50%辛硫磷乳油100毫升兑水2 ~ 3千克，拌麦种50千克，将所选药剂放入喷雾器内搅匀边喷边拌，拌后堆闷2 ~ 3小时，稍待晾干即可播种，可预防小麦条锈病和小麦全蚀病，并可兼治地下害虫。1千克小麦种子可以用2克/升苯醚甲环唑悬浮种衣剂进行拌种，或者选用甲基异柳磷、辛硫磷、吡虫啉、噻虫嗪及氟虫腈等进行拌种，可以有效预防小麦纹枯病、小麦全蚀病和小麦散黑穗病等种传、土传小麦病害。在病害较为严重的麦田，播种前使用70%甲基硫菌灵可湿性粉剂30 ~ 45千克/公顷，加细土300 ~ 450千克/公顷，犁后撒施并耙匀以防控病害。

对蛴螬、蝼蛄、金针虫等地下害虫发生重的地块，可推行杀虫剂拌种防治技术。每100千克小麦种子用60%吡虫啉悬浮种衣剂200 ~ 600毫升进行拌种，拌种时将药剂兑水1.5千克稀释，用喷雾器边喷边拌，拌后堆闷1 ~ 2小时，再摊开晾干即可播种，预防小麦苗后害虫的发生。地下害虫发生严重的地块，药剂拌种的同时还需进行土壤处理，用40%辛硫磷乳油7 500毫升/公顷、40%甲基异柳磷乳油7 500毫升/公顷拌细沙土300千克/公顷或炒熟麦麸150千克/公顷制成毒饵，于耕地前撒施于土表，或者于耕地前在土壤中撒施3%辛硫磷颗粒剂45 ~ 75千克/公顷，翻耕入土。

药剂包衣或拌种时，可加入适量氨基寡糖素、芸薹素内酯等植物诱抗剂或植物生长调节剂处理种子，能促进小麦出苗、生根、分蘖和健壮生长，增强植株抗逆性。

（2）**土壤处理**　麦播前进行土壤处理也可兼治地下害虫，可用40%甲基异柳磷乳油或50%辛硫磷乳油200毫升兑水5千克，喷雾在20千克细土上，拌匀后边撒边耕，翻入土中；也可每667米^{2}用3%甲拌磷颗粒剂2.5千克，兑细土50 ~ 60千克混匀后，犁前撒施深翻入土，或者拌细土制成毒饵，均匀撒在麦田地表，雨前或撒后浇水效果更佳，可有效控制、减轻小麦土传病害及虫害的发生（图120）。

在小麦拔节期即3月下旬或4月上旬，小麦吸浆虫幼虫上升至土表化蛹，此时对化学药剂最为敏感，易被杀死。每667米^{2}可选用3%甲基异柳磷颗粒剂1.5 ~ 2千克、50%辛硫磷乳油150毫升，分别拌细土制成毒饵，均匀撒在麦田地表，雨前或撒后浇水效果更佳，能大量杀灭幼虫，抑制成虫羽化。

图120　撒施毒土

（3）**化学除草**　冬小麦除草可分为冬前和春季两个时期，冬前即小麦播种后40天，小麦幼苗二至五叶期，此时是麦田除草的最佳时期。此时杂草草龄小，抗药性差，小麦处于分蘖期，麦苗未封行。冬前施药要注意避开低温和霜冻天气，日平均气温5～8℃时适宜进行麦田化学除草。一次施药可基本可控制小麦全生育期的杂草害，并且施药时间早，除草剂残留少，对后茬作物影响小（图121）。春季小麦返青后拔节前，杂草经过冬季的生长，根系更强大，小麦分蘖多，覆盖杂草，使得杂草更难接触药液，春季防治要适当增加药量（图122）。

图121　冬前小麦杂草（河南新乡）

图122　春季拔节期麦田杂草（四川绵阳）

以禾本科杂草（图123、图124）为主的麦田，在小麦二至五叶期，每667米^{2}可用10%精噁唑禾草灵乳油30～40毫升兑水30～40千克均匀喷雾；以阔叶杂草为主的麦田，在小麦二至五叶期，每667米^{2}可选用

10%苯磺隆可湿性粉剂10克、20%氯氟吡氧乙酸（使它隆）乳油50～60毫升、6.25%甲基碘隆钠盐（使阔得）水分散粒剂15～20克兑水30～40千克均匀喷雾；在禾本科杂草与阔叶杂草混生的麦田，每667米^{2}可用6.9%精噁唑禾草灵水乳剂50毫升于小麦四至七叶期喷雾。

图123　小麦生长后期节节麦

图124　小麦生长中后期野燕麦

（4）**生物农药**　生物农药包含活体微生物、昆虫致病线虫、植物源农药（图125）、微生物农药（图126）、微生物次生代谢产物、昆虫信息素，具有较强的抗虫作用。对人类健康和天敌生物安全，对环境安全，符合当今社会的发展要求。大多数植物源农药作用缓慢，但是多种成分可以发挥协同作用，能够延缓害虫产生抗药性，加强防治效果。

烟碱类杀虫剂是速效杀虫剂，可以发挥触杀和熏蒸作用，对环境无害。在蚜虫发生始盛期每667米^{2}用1.2%烟碱·苦参碱乳油50毫升，兑水30千克均匀喷雾。蚜虫大发生年建议在施药后10天再防治一次。现已证明，昆虫病原线虫能有效防治根象甲、蛴螬、蝼蛄等地下害虫。目前实际可用于生产的生物农药还有乳状菌和白僵菌。

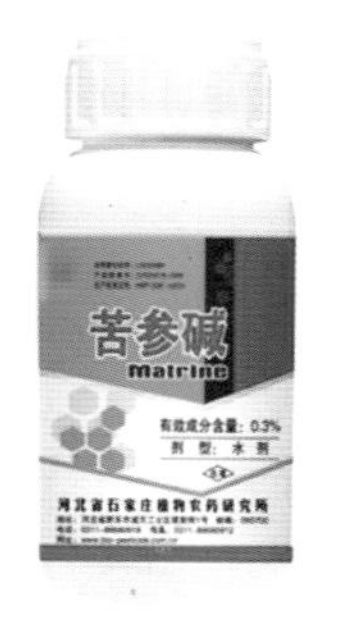

图125　植物源农药

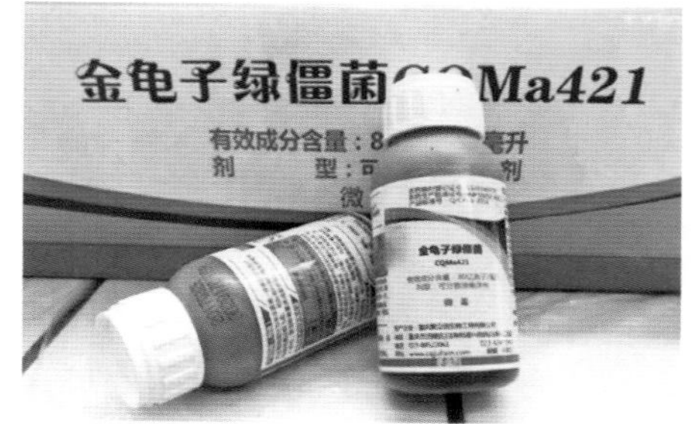

图126　微生物农药

绿色防控技术的集成与示范

（1）**摸清病虫基数做好早期监测预警**　农作物重大病虫灾害的实时监测和预警是及时、有效地控制其暴发成灾的先决条件之一。农作物病虫草鼠等生物灾害的发生受农作物布局、栽培耕作制度、品种抗性、害虫的迁飞和滞育规律、病害流行规律、农田小气候及气象条件等诸多因素的影响，鉴于我国幅员辽阔、耕作栽培制度各不相同，加之气候条件千变万化，灾害性气候经常发生，致使我国农作物病虫害的发生情况非常复杂，对农作物稳产丰产威胁巨大。农作物重大病虫害的预警和治理除了有其特定的复杂性，还具有时效性，涉及的各种信息必须及时传递，哪怕稍有延误，也会造成难以挽回的损失。因此，有效治理小麦病虫害的关键是及时监测和准确预测（图127至图129）。

图127　不同生境病虫害的越冬调查

图128 病虫害信息的光谱测定和田间病虫发生基数调查

（2）**做好小麦病虫害防控的宣传指导和技术培训** 全国农业技术推广服务中心防治处，每年小麦秋季播种前期举办一次小麦秋播拌种及绿色防控技术培训班（图130），培训人员主要为全国小麦主产区各省（自治区、直辖市）植保（植检、农技）站（局、中心）小麦病虫害防控的相关技术人员和新型经营主体，会议邀请相关领域专家就小麦重大病虫害从病虫的识别、发生危害规律、防治技术等方面进行培训。针对重大小麦病虫害如小麦条锈病、赤霉病和小麦蚜虫制定相应的防控措施。

图129 现代化的病虫监测场

图130 全国农业技术推广服务中心防治处举办全国小麦秋播拌种及绿色防控新技术培训

为准确分析生产前期和小麦中后期病虫害发生趋势，科学指导小麦病虫害防控工作，全国农业技术推广服务中心测报处于每年12月和第二年4月组织两次有关小麦病虫害发生趋势会商会（图131、图132），会议邀请各省（自治区、直辖市）植保（植检）站测报技术人员和科研教学单位有关专家在总结前期重大病虫害发生情况和特点的基础上，结合冬前越冬基数调查结果和气候趋势，对农作物重大病虫害发生趋势进行分析会商。

在秋播关键时期和小麦病虫害防控关键时期，农业农村部种植业管理司组织小麦病虫害防控督导组深入生产第一线检查指导。

图131　全国农业技术推广服务中心测报处组织全国农作物重大病虫害发生趋势会商会

图132　全国农业技术推广服务中心测报处组织小麦病虫害及夏蝗发生趋势会商会

国家现代农业产业技术体系小麦病虫害防控功能研究室定期组织相关专家，对体系各试验站研究团队、各省市及基层植保技术人员，就小麦重大病虫害的发生规律和防控技术进行培训；每年不同季度小麦产业技术体系各试验站研究人员对基层技术人员、种植大户、当地农民从育种、栽培、管理、病虫害防控方面开展全程技术培训，以保障小麦安全生产和粮食增收（图133）。

图133　国家小麦产业技术体系病虫害监测与防控技术培训会

（3）小麦病虫害绿色防控技术实例

①小麦条锈病的综合治理与绿色防控。国家现代农业产业技术体系小麦病虫害防控功能研究室以康振生院士、陈万权研究员为代表的研究团队经过几十年的协同攻关，提出了“重点治理越夏易变区、持续控制冬季繁殖区和全面预防春季流行区”的病害分区治理策略，创建了以生物多样性利用为核心，以生态抗灾、生物控害、化学减灾为目标的小麦条锈病菌源基地综合治理技术体系。

针对甘肃南部、四川西北部、宁夏南部、青海东部越夏区，采取提早预测、品种布局，退麦改种、适期晚播，药剂拌种；针对四川、陕西南部、湖北西北部、河南南部冬季繁殖区，采取种植抗条锈品种，秋季药剂拌种，春夏季带药侦察，打点保面；针对陕西、河南、安徽、山东、河北、湖北等春季流行区，采取种植抗（耐）条锈病或成株期抗病品种。春夏季实时监测，达到防治指标后及时统防统治。并在甘肃天水、陕西宝鸡和汉中等地建立条锈病防控示范基地，带动越夏区、冬繁区等关键区域的治理。

依托国家现代农业产业技术体系小麦病虫害防控功能研究室，每年组织全国性小麦条锈病考察（图134），为农业农村部提供防控方案，指导全国小麦条锈病防控。

图134 成立小麦病虫害协作组每年定期组织专家越冬考察

②小麦全生育期赤霉病防控指导。2018年农业农村部种植业管理司与全国农业技术推广服务中心组织专家制定了《小麦全生育期赤霉病防控指导意见》。小麦赤霉病防控应重点在“调、优、预、替、统、抢”六个方面下工夫。

第一，“调”，即调整种植结构。长江中下游、江淮等常年流行区，按照“宜麦则麦、宜油则油”原则，合理布局种植结构，或通过改种绿肥、轮作休耕等措施，尽可能压低非主产区小麦种植面积，减轻病害防控压力。黄淮常年发生区和华北、西北偶发区，结合玉米种植结构调整，大力推广小麦与大豆、花生、蔬菜等作物轮作，压低菌源基数，降低病害危害程度（图135）。

第二，“优”，即优化农艺措施。推行适期适量播种，科学肥水运筹，防止小麦群体过大、田间郁闭。及时清沟理墒，降低田间湿度。推行秸秆

图135　改种大豆压低菌源基数

粉碎、定期深翻还田（每三年一次），有条件的地区提倡秸秆回收利用，以压低菌源基数（图136、图137）。推行品种适区种植，避免在长江中下游、江淮等常年流行区种植烟农、豫麦、济麦等高感品种，以降低病害流行成灾风险。

图136　清除秸秆

图137　秸秆粉碎

第三，“预”，即坚持预防为主。小麦赤霉病可防、可控、不可治，必须加强监测、以预防为主（图138）。长江中下游、江淮等常年流行区和黄淮常年发生区，坚持“主动出击、见花打药”不动摇，抓住小麦抽穗扬花这一关键时期，

图138　小麦赤霉病监测预警系统（西北农林科技大学胡小平教授研发）

及时喷施对路药剂，减轻病害发生程度，降低毒素污染风险；华北、西北等常年偶发区，坚持“立足预防、适时用药”不放松，小麦抽穗扬花期一旦遇连阴雨或连续结露等适宜病害流行天气，立即组织施药预防，降低病害流行风险。

第四，“替”，即加速农药器械替代。在病菌对多菌灵已产生抗药性的长江中下游、江淮和黄淮南部等麦区，应停止使用多菌灵及其复配制剂，选用氰烯菌酯、戊唑醇及其复配制剂（图139），以及耐雨水冲刷的药剂。注重交替轮换用药，避免或延缓抗药性产生。推荐使用自走式宽幅施药机械、自主飞行无人机等高效植保机械（图140、图141），选用小孔径喷头喷雾，避免使用担架式喷雾机。同时，添加适宜的功能助剂、沉降剂等，提高施药质量，保证防治效果。

图139　选用新型杀菌剂

图140　自走式喷雾防治

图141　多旋翼无人机防治

第五，“统”，即推进统防统治。充分发挥病虫害专业化防治服务组织装备精良、管理规范、服务高效的作用，大力推进以穗期赤霉病防治为主的全程承包、代防代治等多种形式，大规模开展专业化统防统治和集中统一防治，适时组织开展应急防治，提高防治效率、效果和效益，解决小麦赤霉病预防控制窗口期短、时效性强，以及一家一户“打药难”“乱打药”等问题。

第六，“抢”，即及时抢收入仓。小麦进入收获期，应及时收割、晾晒、筛选，如遇阴雨天气，应采取烘干措施，防止收获和储存过程中湿度过大，导致病菌再度大量繁殖，造成毒素二次污染。

③小麦蚜虫的全生育期绿色防控。目前我国大面积推广的高产优质品种大多对小麦害虫缺乏抗性，因此小麦蚜虫的绿色防控要从农业措施、生态调控和科学用药入手。

适期播种与科学管理：播种期对小麦的生育进程、产量与品质均可形成一定影响，表现为适期播种的生育正常，产量和品质均较高。正常播种田天敌昆虫七星瓢虫等迁入早，经早期防控蚜虫基数小，蚜量增长缓慢；延期播种田天敌迁入晚，防控不及时造成蚜虫基数大，蚜量增长迅速。因此，生产上找准播种期，做到不影响小麦产量和品质的同时也能有效防虫治病并且有利于天敌的发生。另外，条件允许的地区，越冬期进行适期冬灌和早春划锄镇蚜，可减少冬春季麦蚜的越冬基数，返青期也要及时浇水和追肥（图142）。

图142　返青期追肥和浇水

种子包衣：以吡虫啉、噻虫嗪为代表的新烟碱类种衣剂对小麦蚜虫具有很好的防控效果，且表现出超长的持效期，可控制小麦整个生育期的小麦蚜虫发生且对天敌安全，在品质方面，应用吡虫啉拌种处理的小麦籽粒存在一定农药残留，但符合国家安全标准。我国小麦主产区也是小麦蚜虫重发区，小麦播种尽量避免“白籽下种”（图143）。

生态调控：在有条件的地方尽量避免单一品种、单一作物大面积多年种植，逐步组建以特定生态区为单元的多作物小麦蚜虫可持续综合控制技术体系；立足于充分发挥自然控害作用、生态调控、物理防治技术措施的实效，将麦蚜发生危害的损失持续控制在经济允许损失水平以下（图144和图145）。

图143　不同助剂的种子处理

图144　黄板诱集与作物邻作技术

图145　黄板诱集与灯光诱杀

科学用药：小麦拔节前百株虫量达到200头，扬花期百株虫量达到500头时，及时选用高效、低毒、低残留、环境友好型农药如吡虫啉、噻虫嗪、啶虫脒、吡蚜酮等进行喷雾防治；尽量选用自走式喷雾机、无人机等高效植保器械，条件允许最好做到统防统治。

主要参考文献

曹雅忠，李克斌，2017. 中国常见地下害虫图鉴[M]. 北京：中国农业科学技术出版社.

陈万权，2012. 图说小麦病虫草鼠害防治关键技术[M]. 北京：中国农业出版社.

李志念，王力钟，张弘，等，2004. 4种Strobilurin类杀菌剂防治小麦白粉病的活性研究[J]. 农药，43(8)：357，370-371.

刘孝坤，1996. 麦类白粉病[M]. // 中国农业科学院植物保护研究所，中国农作物病虫害. 2版. 北京：中国农业出版社：293-299.

马志强，刘国镕，张小风，等，1996. 小麦白粉菌对三唑酮抗药性的监测方法[J]. 南京农业大学学报，19 (增刊)：38-41.

乔宏萍，黄丽丽，王伟伟，等，2005. 小麦全蚀病生防放线菌的分离与筛选[J]. 西北农林科技大学学报（自然科学版），33(增刊1)：1-4.

司乃国，刘君丽，张宗俭，等，2003. 创制杀菌剂烯肟菌酯生物活性及应用(II)——小麦白粉病 [J]. 农药，42 (11)：39- 40.

汪可宁，洪锡午，司全民，等，1963. 我国小麦条锈病生理专化研究[J]. 植物保护学报，2(1)：23-26.

汪可宁，洪锡午，吴立人，等，1986. 1951—1983年我国小麦品种抗条锈性变异分析[J]. 植物保护学报，13(2)：117-124.

汪可宁，谢水仙，刘孝坤，等，1988. 我国小麦条锈病防治研究的进展[J]. 中国农业科学，21(2)：1-8.

汪晓红，潘晓皖，2005. 30%醚菌酯SC防治小麦叶锈病、白粉病田间药效试验[J]. 农药，44 (7)：334 -335.

王锡锋，刘艳，韩成贵，等，2010. 我国小麦病毒病害发生现状与趋势分析[J]. 植物保护，36 (3)：13-19.

王裕中，杨新宁，史建荣，1986. 麦类纹枯病防治研究——I. 大小麦及其轮作物丝核菌(*Rhizoctonia* spp.)的生物学特性与致病力比较[J]. 江苏农业学报，2 (4)：29 -35.

夏烨，周益林，段霞瑜，等，2005. 2002年部分麦区小麦白粉病菌对三唑酮的抗药性监测及苯氧菌酯敏感基线的建立[J]. 植物病理学报，6 (增刊)：74-78.

杨岩，庞家智，1999. 小麦腥黑穗病和黑粉病 [M]. 北京：中国农业科技出版社.

张舒亚，周明国，李宏霞，2004. 嘧菌酯对植物病原真菌的毒力研究[M]// 周明国. 中国植物病害化学防治研究：第4卷. 北京：中国农业科学技术出版社：147-151.

张玉华，2017. 小麦病虫害原色图谱[M]. 郑州：河南科学技术出版社.

张中鸽，彭于发，陈善铭，1991. 小麦全蚀病的发生现状及防治措施探讨[J]. 植物保护，17 (1)：19-20.

赵杰，郑丹，左淑霞，等，2018. 小麦条锈菌有性生殖与毒性变异的研究进展[J]. 植物保护学报，45(1)：7-19.

周益林，段霞瑜，刘金龙，等，2004. 几种新型杀菌剂对小麦白粉病的防效研究[M]//周明国. 中国植物病害化学防治研究：第4卷. 北京：中国农业科学技术出版社：384 -388.

周益林，段霞瑜，盛宝钦，2001. 植物白粉病的化学防治进展[J]. 农药学学报，3(2)：12-18.

乔体尚，宁焕庚，1990，山西省西北麦蝽发生规律及综合防治研究[J]. 植物保护，16（6）：31-32.

赵立嵘，2011. 条沙叶蝉（*Psammotettix striatus* L.）的外部形态及内部构造研究[D]. 杨凌：西北农林科技大学.

郝亚楠，张箭，龙治任，等，2014. 小麦品种（系）对麦红吸浆虫抗性指标筛选与抗性评价[J]. 昆虫学报，57（11）：1321-1327.

霍立强，2014. 小麦主产区病虫害专业化统防统治管理技术[J]. 现代农村科技（14）：34.

解海翠，陈巨莲，程登发，等，2012. 麦田间作对麦长管蚜的生态调控作用[J]. 植物保护，38（1）：50-54.

周海波，2009. 小麦间作豌豆及品种多样性对麦长管蚜的生态调控作用与机制探讨[D]. 泰安：山东农业大学.

中国农业科学院植物保护研究所，中国植物保护协会，2015. 中国农作物病虫害[M]. 3版. 北京：中国农业出版社.

BRUCE T J ，HOOPER A M ，IRELAND L ，et al，2007. Development of a pheromone trap monitoring system for orange wheat blossom midge，*Sitodiplosis mosellana*，in the UK[J]. Pest Management Science，63（1）：49-56.

MA K Z ，HAO S G ，ZHAO H Y ，et al，2007. Strip cropping wheat and alfalfa to improve the biological control of the wheat aphid *Macrosiphum avenae* by the mite *Allothrombium ovatum*[J]. Agriculture Ecosystems & Environme，119（1）：49-52.

AGRIOS G N，2005. Plant Pathology [M]. 5th ed. Burlington：Elsevier Academic Press：826-874.

BOLTON M D，KOLMER J A，GARVIN D F，2008. Wheat leaf rust caused by *Puccinia triticina* [J]. Molecular Plant Pathology，9：563-575.

WILCOXSON R D，SAARI E E，BALLANTYNE B，1996. Bunt and smut diseases of wheat：concepts and methods of disease management.[J]. Bunt & Smut Diseases of Wheat Concepts & Methods of Disease Management.

图书在版编目（CIP）数据

小麦病虫害绿色防控彩色图谱/张云慧，李祥瑞，黄冲主编.—北京：中国农业出版社，2020.1
（扫码看视频．病虫害绿色防控系列）
ISBN 978-7-109-26148-8

Ⅰ．①小…　Ⅱ．①张…　②李…　③黄…　Ⅲ．①小麦－病虫害防治－图谱　Ⅳ．①S435.12-64

中国版本图书馆CIP数据核字(2019)第244555号

中国农业出版社出版
地址：北京市朝阳区麦子店街18号楼
邮编：100125
责任编辑：郭晨茜　国　圆　孟令洋
责任校对：刘丽香
印刷：北京通州皇家印刷厂印刷
版次：2020年1月第1版
印次：2020年1月北京第1次印刷
发行：新华书店北京发行所
开本：880mm × 1230mm　1/32
印张：5.75
字数：160千字
定价：36.00元